U0161936

网络安全运营服务能力指南

九维彩虹团队之
威胁情报驱动企业网络防御

范 渊 主 编

袁明坤 执行主编

电子工业出版社

Publishing House of Electronics Industry

北京·BEIJING

内 容 简 介

近年来，随着互联网的发展，我国进一步加强对网络安全的治理，国家陆续出台相关法律法规和安全保护条例，明确以保障关键信息基础设施为目标，构建整体、主动、精准、动态防御的网络安全体系。

本套书以九维彩虹模型为核心要素，分别从网络安全运营（白队）、网络安全体系架构（黄队）、蓝队"技战术"（蓝队）、红队"武器库"（红队）、网络安全应急取证技术（青队）、网络安全人才培养（橙队）、紫队视角下的攻防演练（紫队）、时变之应与安全开发（绿队）、威胁情报驱动企业网络防御（暗队）九个方面，全面讲解企业安全体系建设，解密彩虹团队非凡实战能力。

本分册是暗队分册，系统性地介绍了威胁情报的理论与实践，融入了作者在网络空间安全领域多年积累的实践经验。分为威胁情报理论、威胁情报实战、威胁情报进阶三篇，结合理论与实践系统地介绍了情报和威胁情报历史，威胁情报分析方法、框架和模型，威胁情报与威胁狩猎，威胁情报与APT归因，威胁情报现状与未来等多方面的内容，帮助读者更好地理解和应用威胁情报。

图书在版编目（CIP）数据

网络安全运营服务能力指南. 九维彩虹团队之威胁情报驱动企业网络防御 / 范渊主编. —北京：电子工业出版社，2022.5

ISBN 978-7-121-43428-0

Ⅰ. ①网… Ⅱ. ①范… Ⅲ. ①计算机网络 – 网络安全 Ⅳ. ①TP393.08

中国版本图书馆 CIP 数据核字(2022)第 086731 号

责任编辑：张瑞喜
印　　刷：中国电影出版社印刷厂
装　　订：中国电影出版社印刷厂
出版发行：电子工业出版社
　　　　　北京市海淀区万寿路 173 信箱　邮编：100036
开　　本：787×1092　1/16　印张：94.5　字数：2183 千字
版　　次：2022 年 5 月第 1 版
印　　次：2022 年 11 月第 2 次印刷
定　　价：298.00 元（共 9 册）

凡所购买电子工业出版社图书有缺损问题，请向购买书店调换。若书店售缺，请与本社发行部联系，联系及邮购电话：（010）88254888，88258888。

质量投诉请发邮件至 zlts@phei.com.cn，盗版侵权举报请发邮件至 dbqq@phei.com.cn。

本书咨询联系方式：zhangruixi@phei.com.cn。

本书编委会

主　　编：范　渊

执行主编：袁明坤

执行副主编：

　　　　段庚龙　　徐　礼　　韦国文　　苗春雨　　杨方宇

　　　　王　拓　　秦永平　　杨　勃　　刘蓝岭　　孙传闯

　　　　朱尘炀

暗队分册编委：

　　　　张续腾

《网络安全运营服务能力指南》

总　目

2016年以来，国内组织的一系列真实网络环境下的攻防演习显示，半数甚至更多的防守方的目标被攻击方攻破。这些参加演习的单位在网络安全上的投入并不少，常规的安全防护类产品基本齐全，问题是出在网络安全运营能力不足，难以让网络安全防御体系有效运作。

范渊是网络安全行业"老兵"，凭借坚定的信念与优秀的领导能力，带领安恒信息用十多年时间从网络安全细分领域厂商成长为国内一线综合型网络安全公司。袁明坤则是一名十多年战斗在网络安全服务一线的实战经验丰富的"战士"。他们很早就发现了国内企业网络安全建设体系化、运营能力方面的不足，在通过网络安全态势感知等产品、威胁情报服务及安全服务团队为用户赋能的同时，在业内率先提出"九维彩虹团队"模型，将网络安全体系建设细分成网络安全运营（白队）、网络安全体系架构（黄队）、蓝队"技战术"（蓝队）、红队"武器库"（红队）、网络安全应急取证技术（青队）、网络安全人才培养（橙队）、紫队视角下的攻防演练（紫队）、时变之应与安全开发（绿队）、威胁情报驱动企业网络防御（暗队）九个战队的工作。

由范渊主编，袁明坤担任执行主编的《网络安全运营服务能力指南》，是多年网络安全一线实战经验的总结，对提升企业网络安全建设水平，尤其是提升企业网络安全运营能力很有参考价值！

赛博英杰创始人　谭晓生

楚人有鬻盾与矛者，誉之曰："吾盾之坚，物莫能陷也。"又誉其矛曰："吾矛之利，于物无不陷也。"或曰："以子之矛陷子之盾，何如？"其人弗能应也。众皆笑之。夫不可陷之盾与无不陷之矛，不可同世而立。（战国·《韩非子·难一》）

近年来网络安全攻防演练对抗，似乎也有陷入"自相矛盾"的窘态。基于"自证清白"的攻防演练目标和走向"形式合规"的落地举措构成了市场需求繁荣而商业行为"内卷"的另一面。"红蓝对抗"所面临的人才短缺、环境成本、风险管理以及对业务场景深度融合的需求都成为其中的短板，类似军事演习中的导演部，负责整个攻防对抗演习的组织、导调以及监督审计的价值和重要性呼之欲出。九维彩虹团队的《网络安全运营服务能力指南》套书，及时总结国内优秀专业安全企业基于大量客户网络安全攻防实践案例，从紫队视角出发，基于企业威胁情报、蓝队技战术以及人才培养方面给有构建可持续发展专业安全运营能力需求的甲方非常完整的框架和建设方案，是网络安全行动者和责任使命担当者秉承"君子敏于行"又勇于"言传身教　融会贯通"的学习典范。

华为云安全首席生态官　万涛（老鹰）

安全服务是一个持续的过程，安全运营最能体现"持续"的本质特征。解决思路好不好、方案设计好不好、规则策略好不好，安全运营不仅能落地实践，更能衡量效果。目标及其指标体系是有效安全运营的前提，从结果看，安全运营的目标是零事故发生；从成本和效率看，安全运营的目标是人机协作降本提效。从"开始安全"到"动态安全"，再到"时刻安全"，业务对安全运营的期望越来越高。毫无疑问，安全运营已成为当前最火的安全方向，范畴也在不断延展，由"网络安全运营"到"数据安全运营"，再到"个人信息保护运营"，既满足合法合规，又能管控风险，进而提升安全感。

这套书涵盖了九大方向，内容全面深入，为安全服务人员、安全运营人员及更多对安全运营有兴趣的人员提供了很好的思路参考与知识点沉淀。

滴滴安全负责人　王红阳

"红蓝对抗"作为对企业、组织和机构安全体系建设效果自检的重要方式和手段，近年来越来越受到甲方的重视，因此更多的甲方在人力和财力方面也投入更多以组建自己的红队和蓝队。"红蓝对抗"对外围的人更多是关注"谁更胜一筹"的结果，但对企业、组织和机构而言，如何认识"红蓝对抗"的概念、涉及的技术以及基本构成、红队和蓝队如何组建、面对的主流攻击类型，以及蓝队的"防护武器平台"等问题，都将是检验"红蓝对抗"成效的决定性因素。

这套书对以上问题做了详尽的解答，从翔实的内容和案例可以看出，这些解答是经过无数次实战检验的宝贵技术和经验积累；这对读者而言是非常有实操的借鉴价值。这是一套由安全行业第一梯队的专业人士精心编写的网络安全技战术宝典，给读者提供全面丰富而且系统化的实践指导，希望读者都能从中受益。

雾帜智能CEO　黄　承

网络安全是一项系统的工程，需要进行安全规划、安全建设、安全管理，以及团队成员的建设与赋能，每个环节都需要有专业的技术能力，丰富的实战经验与积累。如何通过实战和模拟演练相结合，对安全缺陷跟踪与处置，进行有效完善安全运营体系运行，以应对越来越复杂的网络空间威胁，是目前网络安全面临的重要风险与挑战。

九维彩虹团队的《网络安全运营服务能力指南》套书是安恒信息安全服务团队在安全领域多年积累的理论体系和实践经验的总结和延伸，创新性地将网络安全能力从九个不同的维度，通过不同的视角分成九个团队，对网络安全专业能力进行深层次的剖析，形成网络安全工作所需的具体化的流程、活动及行为准则。

以本人20多年从事网络安全一线的高级威胁监测领域及网络安全能力建设经验来看，此套书籍从九个不同维度生动地介绍网络安全运营团队实战中总结的重点案例、深入浅出讲解安全运营全过程，具有整体性、实用性、适用性等特点，是网络安全实用必备宝典。

该套书不仅适合企事业网络安全运营团队人员阅读，而且也是有志于从事网络安全从业人员的应读书籍，同时还是网络安全服务团队工作的参考指导手册。

神州网云CEO　宋　超

"数字经济"正在推动供给侧结构性改革和经济发展质量变革、效率变革、动力变革。在数字化推进过程中，数字安全将不可避免地给数字化转型带来前所未有的挑战。2022年国务院《政府工作报告》中明确提出，要促进数字经济发展，加强数字中国建设整体布局。然而当前国际环境日益复杂，网络安全对抗由经济利益驱使的团队对抗，上升到了国家层面软硬实力的综合对抗。

安恒安全团队在此背景下，以人才为尺度；以安全体系架构为框架；以安全技术为核心；以安全自动化、标准化和体系化为协同纽带；以安全运营平台能力为支撑力量着手撰写此套书。从网络安全能力的九大维度，融会贯通、细致周详地分享了安恒信息15年间积累的安全运营及实践的经验。

悉知此套书涵盖安全技术、安全服务、安全运营等知识点，又以安全实践经验作为丰容，是一本难得的"数字安全实践宝典"。一方面可作为教材为安全教育工作者、数字安全学子、安全从业人员提供系统知识、传递安全理念；另一方面也能以书中分享的经验指导安全乙方从业者、甲方用户安全建设者。与此同时，作者以长远的眼光来严肃审视国家数字安全和数字安全人才培养，亦可让国家网络空间安全、国家关键信息基础设施安全能力更上一个台阶。

安全玻璃盒【孝道科技】创始人　范丙华

　　网络威胁已经由过去的个人与病毒制造者之间的单打独斗，企业与黑客、黑色产业之间的有组织对抗，上升到国家与国家之间的体系化对抗；网络安全行业的发展已经从技术驱动、产品实现、方案落地迈入到体系运营阶段；用户的安全建设，从十年前以"合规"为目标解决安全有无的问题，逐步提升到以"实战"为目标解决安全体系完整、有效的问题。

　　通过近些年的"护网活动"，甲乙双方（指网络安全需求方和网络安全解决方案提供方）不仅打磨了实战产品，积累了攻防技战术，梳理了规范流程，同时还锻炼了一支安全队伍，在这几者当中，又以队伍的培养、建设、管理和实战最为关键，说到底，网络对抗是人和人的对抗，安全价值的呈现，三分靠产品，七分靠运营，人作为安全运营的核心要素，是安全成败的关键，如何体系化地规划、建设、管理和运营一个安全团队，已经成为甲乙双方共同关心的话题。

　　这套书不仅详尽介绍了安全运营团队体系的目标、职责及它们之间的协作关系，还分享了团队体系的规划建设实践，更从侧面把安全运营全生命周期及背后的支持体系进行了系统梳理和划分，值得甲方和乙方共同借鉴。

　　是为序，当践行。

白　日

　　过去20年，伴随着我国互联网基础设施和在线业务的飞速发展，信息网络安全领域也发生了翻天覆地的变化。"安全是组织在经营过程中不可或缺的生产要素之一"这一观点已成为公认的事实。然而网络安全行业技术独特、概念丛生、迭代频繁、细分领域众多，即使在业内也很少有人能够具备全貌的认知和理解。网络安全早已不是黑客攻击、木马病毒、0day漏洞、应急响应等技术词汇的堆砌，也不是人力、资源和工具的简单组合，在它的背后必须有一套标准化和实战化的科学运营体系。

　　相较于发达国家，我国网络安全整体水平还有较大的差距。庆幸的是，范渊先生和我的老同事袁明坤先生所带领的团队在这一领域有着长期的深耕积累和丰富的实战经验，他们将这些知识通过《网络安全运营服务能力指南》这套书进行了系统化的阐述。

　　开卷有益，更何况这是一套业内多名安全专家共同为您打造的知识盛筵，我极力推荐。该套书从九个方面为我们带来了安全运营完整视角下的理论框架、专业知识、攻防实战、人才培养和体系运营等，无论您是安全小白还是安全专家，都值得一读。期待这套书能为我国网络安全人才的培养和全行业的综合发展贡献力量。

傅　奎

　　管理安全团队不是一个简单的任务，如何在纷繁复杂的安全问题面前，找到一条最适合自己组织环境的路，是每个安全从业人员都要面临的挑战。

　　如今的安全读物多在于关注解决某个技术问题。但解决安全问题也不仅仅是技术层面的问题。企业如果想要达到较高的安全成熟度，往往需要从架构和制度的角度深入探讨当前的问题，从而设计出更适合自身的解决方案。从管理者的角度，团队的建设往往需要依赖自身多年的从业经验，而目前的市面上，并没有类似完整详细的参考资料。

　　这套书的价值在于它从团队的角度，详细地阐述了把安全知识、安全工具、安全框架付诸实践，最后落实到人员的全部过程。对于早期的安全团队，这套书提供了指导性的方案，来帮助他们确定未来的计划。对于成熟的安全团队，这套书可以作为一个完整详细的知识库，从而帮助用户发现自身的不足，进而更有针对性地补齐当前的短板。对于刚进入安全行业的读者，这套书可以帮助你了解到企业安全的组织架构，帮助你深度地规划未来的职业方向。期待这套书能够为安全运营领域带来进步和发展。

Affirm前安全主管　王亿韬

随着网络安全攻防对抗的不断升级，勒索软件等攻击愈演愈烈，用户逐渐不满足于当前市场诸多的以合规为主要目标的解决方案和产品，越来越关注注重实际对抗效果的新一代解决方案和产品。

安全运营、红蓝对抗、情报驱动、DevSecOps、处置响应等面向真正解决一线对抗问题的新技术正成为当前行业关注的热点，安全即服务、云服务、订阅式服务、网络安全保险等新的交付模式也正对此前基于软硬件为主构建的网络安全防护体系产生巨大冲击。

九维彩虹团队的《网络安全运营服务能力指南》套书由网络安全行业知名一线安全专家编写，从理论、架构到实操，完整地对当前行业关注并急需的领域进行了翔实准确的介绍，推荐大家阅读。

赛博谛听创始人　金湘宇
/NUKE

企业做安全，最终还是要对结果负责。随着安全实践的不断深入，企业安全建设，正在从单纯部署各类防护和检测软硬件设备为主要工作的"1.0时代"，逐步走向通过安全运营提升安全有效性的"2.0时代"。

虽然安全运营话题目前十分火热，但多数企业的安全建设负责人对安全运营的内涵和价值仍然没有清晰认知，对安全运营的目标范围和实现之路没有太多实践经历。我们对安全运营的研究不是太多了，而是太少了。目前制约安全运营发展的最大障碍有以下三点。

一是安全运营的产品与技术仍很难与企业业务和流程较好地融合。虽然围绕安全运营建设的自动化工具和流程，如SIEM/SOC、SOAR、安全资产管理（S-CMDB），安全有效性验证等都在蓬勃发展，但目前还是没有较好的商业化工具，能够结合企业内部的流程和人员，提高安全运营效率。

二是业界对安全运营尚未形成统一的认知和完整的方法论。企业普遍缺乏对安全运营的全面理解，安全运营组织架构、工具平台、流程机制、有效性验证等落地关键点未成体系。大家思路各异，没有形成统一的安全运营标准。

三是安全运营人才的缺乏。安全运营所需要的人才，除了代码高手和"挖洞"专家；更急需的应该是既熟悉企业业务，也熟悉安全业务，同时能够熟练运用各种安全技术和产品，快速发现问题，快速解决问题，并推动企业安全改进优化的实用型人才。对这一类人才的定向培养，眼下还有很长的路要走。

这套书包含了安全运营的方方面面，像是一个经验丰富的安全专家，从各个维度提供知识、经验和建议，希望更多有志于企业安全建设和安全运营的同仁们共同讨论、共同实践、共同提高，共创安全运营的未来。

《企业安全建设指南》黄皮书作者、"君哥的体历"公众号作者　聂　君

这几年，越来越多的人明白了一个道理：网络安全的本质是人和人的对抗，因此只靠安全产品是不够的，必须有良好的运营服务，才能实现体系化的安全保障。

但是，这话说起容易，做起来就没那么容易了。安全产品看得见摸得着，功能性能指标清楚，硬件产品还能算固定资产。运营服务是什么呢？怎么算钱呢？怎么算做得好不好呢？

这套书对安全运营服务做了分解，并对每个部分的能力建设进行了详细的介绍。对于需求方，这套书能够帮助读者了解除了一般安全产品，还需要构建哪些"看不见"的能力；对于安全行业，则可以用于指导企业更加系统地打造自己的安全运营能力，为客户提供更好的服务。

就当前的环境来说，我觉得这套书的出版恰逢其时，一定会很受欢迎的。希望这套书能够促进各行各业的网络安全走向一个更加科学和健康的轨道。

360集团首席安全官　杜跃进

总序言

　　网络安全的科学本质，是理解、发展和实践网络空间安全的方法。网络安全这一学科，是一个很广泛的类别，涵盖了用于保护网络空间、业务系统和数据免受破坏的技术和实践。工业界、学术界和政府机构都在创建和扩展网络安全知识。网络安全作为一门综合性学科，需要用真实的实践知识来探索和推理我们构建或部署安全体系的"方式和原因"。

　　有人说："在理论上，理论和实践没有区别；在实践中，这两者是有区别的。"理论家认为实践者不了解基本面，导致采用次优的实践；而实践者认为理论家与现实世界的实践脱节。实际上，理论和实践互相印证、相辅相成、不可或缺。彩虹模型正是网络安全领域的典型实践之一，是近两年越来越被重视的话题——"安全运营"的核心要素。2020年RSAC大会提出"人的要素"的主题愿景，表明再好的技术工具、平台和流程，也需要在合适的时间，通过合适的人员配备和配合，才能发挥更大的价值。

　　网络安全中的人为因素是重要且容易被忽视的，众多权威洞察分析报告指出，"在所有安全事件中，占据90%发生概率的前几种事件模式的共同点是与人有直接关联的"。人在网络安全科学与实践中扮演四大类角色：其一，人作为开发人员和设计师，这涉及网络安全从业者经常提到的安全第一道防线、业务内生安全、三同步等概念；其二，人作为用户和消费者，这类人群经常会对网络安全产生不良影响，用户往往被描述为网络安全中最薄弱的环节，网络安全企业肩负着持续提升用户安全意识的责任；其三，人作为协调人和防御者，目标是保护网络、业务、数据和用户，并决定如何达到预期的目标，防御者必须对环境、工具及特定时间的安全状态了如指掌；其四，人作为积极的对手，对手可能是不可预测的、不一致的和不合理的，很难确切知道他们的身份，因为他们很容易在网上伪装和隐藏，更麻烦的是，有些强大的对手在防御者发现攻击行为之前，就已经完成或放弃了特定的攻击。

　　期望这套书为您打开全新的网络安全视野，并能作为网络安全实践中的参考。

范　渊

序言

情报研究的历史可以追溯到2500年前的春秋时代。《孙子兵法》有云："知彼知己，百战不殆"。情报研究自古就有，但是对情报的认识，则受历史、国情、文化传统、地缘政治等多种因素的影响。

在现实生活中，犯罪分子是现实威胁的来源；在网络空间中，网络空间威胁行为体是网络空间威胁的来源。网络空间威胁行为体可以是人或组织、攻击者或入侵者、对手等。网络安全攻防的本质是人与人之间的对抗，每一次入侵背后都有一个实体（人或组织）。威胁情报研究的对象是对手及其行为。威胁情报涉及如何运作情报流程和概念，并使其成为企业安全能力建设的一部分。

《九维彩虹团队之威胁情报驱动企业网络防御》是这套书的暗队分册。本分册系统地介绍了情报和威胁情报历史，威胁情报分析方法、框架和模型，威胁情报与威胁狩猎，威胁情报与APT归因，威胁情报现状与未来等关于威胁情报的方方面面，相信能够帮助读者朋友更好地理解威胁情报，为大家应用威胁情报提供参考。

本书可供政企机构管理人员、安全部门工作者、网络与信息安全相关安全研究机构的研究人员，高等院校相关教师、学生，以及其他对威胁情报感兴趣的读者学习和参考。

致谢

感谢我们（作者团队）所任职过的公司，在工作中让我们有了练兵、成长、积累的机会，也感谢各位领导、同事、安全圈同行与各位朋友的帮助；感谢电子工业出版社的各位编辑、排版、设计人员；感谢我的家人，是你们的支持使我才得以完成此书。

编　者

目　录

九维彩虹团队之威胁情报驱动企业网络防御

第一部分　威胁情报基础知识篇

第二部分 威胁情报实战篇

第三部分　威胁情报进阶篇

第一部分　威胁情报基础知识篇

第 1 章　威胁情报概述

1.1　情报和威胁情报

1.1.1　情报

大约在2500年前，《孙子兵法》中就写道："知彼知己，百战不殆"。可见人们对情报的研究自古有之。在近代，以情报工作为研究对象，探索情报工作规律，研究改进情报工作途径的学科，称为军事情报学。

情报是人类社会一种基本现象，情报的定义是情报学研究的起点，但是对情报的认识，则受历史、国情、文化传统、地缘政治等多种因素的影响。千百年来，人们对情报形成了各种各样的认识。情报、信息和知识三者不分，严重影响了实际情报工作的开展。

1.1.1.1　情报是信息

信息（Information），即以适合于通信、存储或处理的形式来表示的知识或消息。人通过获得、识别自然界和社会的不同信息来区别不同事物，得以认识和改造世界。在一切通信和控制系统中，信息是一种普遍联系的形式。

信息是自然界、人类社会及人类思维活动中存在和发生的一切宏观和微观现象，大至天体、小至细胞、原子、电子、基本粒子等现象，故一切消息、知识、数据、文字、程序和情报等都是信息。

英语中同时用"Information"和"Intelligence"来表示情报，Information专门用来指代信息，指的是断片的事实、知识和获得这些事实、知识的过程。Intelligence则译为"情报"，是一个从得到的信息中勾画出对象全貌的过程。情报界认为，情报机构搜集的原始资料只能称为数据（Data），数据必须经过加工处理后形成信息（Information），信息经分析处理后成为情报（Intelligence）。

1.1.1.2　情报具有知识性

知识（knowledge）是人类社会实践经验的总结，是人的主观世界对于客观世界的概括和如实反映，是人类对自然和社会运动形态与规律的认识和掌握。知识是人们在改造世界的实践中所获得的认识和经验的总和，是人的大脑通过思维重新组合的系统化的信息集合。知识是经人脑思维加工而有序化的人类信息。知识一旦被记录、固化在一定的载体上，就成了我们常说的资料或文献。情报蕴含在文献之中，但并非所有文献都是情报。

中国科技情报界认为情报的本质就是知识，没有一定的知识内容就不能成为情报。知识性是情报最主要的属性。如钱学森认为"情报就是为了解决一个特定问题而需要的知识"。

1.1.1.3　情报是信息和知识的增值

真正有价值的情报，必须与决策或行动联系起来。这就是情报的效用性，缺乏效用性的信息只能是信息，而不能是情报。情报必须是制造出来的产品，仅仅知道情况是不够的；信息必须通过用户的特定指向进行加工，以实现信息的增值。如果没有经过包装、分析和过滤，其对决策者是无用的。情报产品的作用是提供决策者有关外部世界的相关信息，以使其在充分告知后做出选择。信息的有序化和转化，或者再聚焦一下，信息的获取和分析，即广义的信息的情报化，是一切情报活动的基本任务。知识或信息的增值主要体现在情报机构的情报产品是否摆脱了简单的陈述事实或解说事实这一层次，而能够前进到由此及彼和由表及里这一层次，即实现知识或信息升华。

综上所述，情报是政府、军队和企业等组织为制定和执行政策而搜集、分析与处理的信息，情报是知识与信息的增值，是对事物本质、发展态势的评估与预测，是决策者制定计划、定下决心、采取行动的重要依据。

1.1.2　威胁情报

网络威胁情报（Cyber Threat Intelligence，CTI，本书简称为威胁情报）是一门相对年轻的学科，在网络安全方面的应用还比较新。一般认为，威胁情报起源于军事情报学。威胁情报是对对手如何使用网络来实现目标的分析。威胁情报涉及如何运作情报流程和概念，并使其成为企业安全能力建设的一部分。

然而，该领域正在迅速发展。在过去十年中，随着国际知名网络安全公司网络安全研究机构的分析师对其进行深入研究，威胁情报已经成为各种规模的企业和政府机构越来越感兴趣的主题。

经过优化，威胁情报为企业（从网络防御者到C级管理层）提供及时、准确、客观的相关性分析，从而更好地理解和评估恶意网络活动的风险。

1.2　威胁情报的定义

威胁情报有多种定义，但就本书而言，将使用以下定义："威胁情报"是关于攻击者及其恶意活动的可运营的知识和洞见，使防御者及其组织能够通过更好的安全决策来降低安全风险。知识和洞见包括上下文、指标、含义、对手的动机、能力、技战法和可执行的建议等。"

威胁情报详细说明了对手如何攻陷和破坏系统，以便防御者可以更好地准备在事前、事中和事后进行预防、检测和响应攻击者的行为。

威胁情报通过使用多种数据（5W1H）来生成关于对手的知识，从而实现这一目标。例如，

- 对手是谁（Who），包括威胁行为体、"赞助商"和"雇主"。
- 对手使用什么（What），包括他们的能力和网络基础设施。
- 对手的行动时（When），确定行动的时间表和规律。
- 对手的目的（Why），包括他们的动机和意图。
- 对手的目标行业和地理区域（Where），详细说明行业、垂直行业和地理区域。
- 对手如何运作（How），专注于他们的行为和规律。

1.3 威胁情报的"三问题规则"和四个主要属性

1.3.1 三问题规则

所有威胁情报都应解决以下三个问题，使客户能够快速确定与其组织的相关性和影响，然后在必要时立即采取行动。

- 威胁：威胁是什么？
- 影响：对组织的影响是什么？
- 行动（可执行的建议）：哪些行动可以缓解近期和中期的威胁？

威胁情报通过定义上下文来解决这些问题。谁应该关注威胁和原因，以及通过定义要采取的行动。在没有上下文的情况下，威胁情报缺乏支持决策的必要描述性元素，如检测优先级或威胁与环境的相关性。如果没有采取行动，威胁情报对于组织而言往往毫无用处。

1. 威胁情报上下文

威胁情报上下文提供围绕任何威胁的必要相关性。威胁情报上下文通常包括：

- 每个钻石模型（Diamond Model）特征的描述。
- 整个网络杀伤链（Cyber Kill Chain）中对手行为的描述。
- 技术说明，包括网络活动、恶意软件分析及主机和日志活动。
- 对熟悉的操作环境进行影响评估、方案和风险分析。
- 进一步研究的重要参考资料。

威胁情报上下文示例如下。

影响：高。

行业：电力传输。

2018 年 12 月 10 日～30 日，几家涉及电力传输的公用事业公司受到鱼叉式网络钓鱼电子邮件的攻击。这些电子邮件包含一个恶意 Word 文档，在未打安全补丁的计算机

上成功利用漏洞 MS08-067，然后开始通过 SMBv1 在网络中传播类似蠕虫的活动，进行横向移动。该蠕虫主动寻找应用及涉及电力传输的运营网络的其他证据。

一旦蠕虫发现了运营网络的证据，蠕虫就会通过 HTTPS 向 IP X.X.X.X 联系命令和控制服务器。然后，攻击者将使用蠕虫的远程访问功能访问网络，并使用本地 PowerShell 资源开始进一步的内部侦察。

该威胁主要针对电力传输行业，因此，可能与该行业以外的组织无关。但是不排除攻击者会攻击其他行业，因此，我们建议网络维护者或运营商根据我们提供的技术细节进行自检，以防止将来对其网络的此类攻击。

2. 威胁情报行动（可执行的建议）

威胁情报行动提供针对威胁行为和影响而定制的技术和方案建议。行动的范围从检测和猎杀的技术细节到对公司管理层有用的最具战略性的洞见。威胁情报行动通常包括：

- 检测指导，如失陷指标（IOC）或签名（Signatures），以支持识别入侵行为。
- 保护组织免受潜在威胁的指导方案。
- 发现感知详细的威胁行为，并寻找与之类似的行为。
- 支持有效检测的数据搜集建议。
- 威胁范围和影响细节支持基于风险的战略决策。

威胁情报行动示例如下。

在 2020 年 7 月 10 日—8 月 30 日，检测并防止与 IP 地址 X.X.X.X 相关的任何入站或出站网络活动，因为它被用作恶意活动的命令与控制服务器。安装 MS08-067 补丁，以防止被攻击者利用。屏蔽 IT 和 OT 网络之间的 SMBv1 通信，以防止蠕虫的潜在传播。如果 SMBv1 是业务运营所必需的，我们建议运营网络限制除必要位置之外的所有 SMBv1 流量。

进入受害者网络后，攻击者会利用 Windows PowerShell 进行进一步的渗透，我们建议监视所有 PowerShell 活动以查找与所述活动相关的行为，并在不需要的所有主机上禁用 PowerShell。

由于这种威胁对运营的影响很大（包括电力传输损失），建议与该活动有关的每个组织优先考虑此威胁。

1.3.2 四个主要属性

好的威胁情报必须具备四个属性：完整性（Completeness）、准确性（Accuracy）、相关性（Relevance）和及时性（Timeliness）。

完整性（Completeness）：威胁情报必须提供足够的细节以实现正确的响应，如主机取证、恶意软件分析、漏洞分析、网络流量分析和日志分析。

准确性（Accuracy）：准确性对应着我们一般说的误报率指标。

相关性（Relevance）：相关性强调和具体用户的地域性、行业性相关，即需要针对此用户的环境，能发现可能遭遇的重要威胁。

及时性（Timeliness，也称时效性）：情报的及时性是由多个因素构成的，从数据搜集，云端处理到情报分发（搜集、处理和分发的及时性）。另外，情报不仅需要标记生成时间，而且需要标注持续时间。情报的域名拥有者、IP使用者和其在网络上的业务，随着时间的推移可能产生变化，"黑IP"会变成"白IP"。

1.4　威胁情报的应用场景

威胁情报的应用场景主要包括以下七个方面。

1.4.1　充实现有安全技术

通过机读情报以订阅方式集成到现有SIEM、EDR和NDR等安全产品中。这一类应用场景的例子还包括威胁情报平台（Threat Intelligence Platform，TIP）、威胁情报网关（Threat Intelligence Gateway，TIG）和威胁情报订阅API三类产品。威胁情报平台实现多源情报管理和分发、更为有效地完成情报与SIEM及事件响应的下游集成。威胁情报网关 则是事先预打包海量多源机读情报，并集成到一个特定设备中进行检测和防御，用于扩充现有网络安全解决方案。威胁情报订阅API主要是通过调用威胁情报厂商提供的API接口集成到现有SIEM等网络安全产品中。

1.4.2　漏洞优先级管理

漏洞分析是发现和理解每个系统中固有漏洞的能力，攻击者可以利用这些漏洞造成不良影响。漏洞可能导致攻击者获得未经授权的访问、执行未经授权的指令（代码）或完全禁用系统。漏洞分析是良好威胁情报的关键组成部分，当与对手的行动相结合时，可以完善情报图，为防御者提供强大的工具。

每个月都有数以百计的漏洞被发现和披露。这种源源不断的情况给防御者带来了巨大的挑战，他们必须从所有这些漏洞中抽丝剥茧，根据他们的环境来理解这些漏洞，并进行风险评估，这是一项艰巨的任务。

最有用的威胁情报支持防御者努力解决这些漏洞。基于威胁情报的漏洞分析提供了四个关键要素，使防御者能够进行快速评估：描述（简短且易于理解的描述）、威胁意识（了解威胁环境中的漏洞，包括主动的利用，以及这种利用的范围和规模）、影响（被对手利用时漏洞的潜在影响）和缓解（防御者可采取的措施，以防止或降低漏洞影响操作的风险）。例如，发布的大部分ICS漏洞几乎没有风险，而且漏洞的详细信息很多时候是不正确的。基于情报的漏洞评估应澄清并添加上下文，以确保资产所有者和运营者更好地了解优先级并采取适当的行动。

1.4.3 入侵检测与响应

有关入侵者的技战术和入侵指标的威胁情报信息能够帮助检测工程团队开发检测规则，检测和识别入侵尝试。安全团队在事件响应过程中通过已检测到的工件检索和查询与攻击组织相关的威胁情报信息，能够发现和挖掘更多的入侵痕迹，从而，能够还原整个入侵的过程。

1.4.4 攻击溯源

攻击溯源是指安全团队通过单一线索追踪溯源入侵事件背后的团伙的过程。通常，当企业检测到入侵事件时，安全团队会通过在边界安全设备上添加黑名单拦截攻击IP的方式实施简单的防御措施。然而，经验丰富的攻击者在入侵过程中往往会使用代理轮循IP等方式，使用大量IP发起攻击，这种情况下，通过封堵IP的方式实施防御成本非常高。如果，企业安全团队能够通过分析攻击者的行为特征，挖掘出攻击背后的团伙，再针对性地采取检测和防御措施，则能实现高效防御。

1.4.5 暗网监控

暗网监控是在暗网上搜索和跟踪你的组织信息的过程。暗网监控工具类似于暗网的搜索引擎（如谷歌）。这些工具有助于找到泄露或被盗的信息，如被泄露的密码、知识产权和其他敏感数据，这些信息在黑暗网络上的恶意行为体之间分享和出售。威胁情报分析师渗透进入暗网这类地下信息交流论坛，需要多年的情报经验。分析师具备的这类技能极为珍稀，往往需要多年的工作积累才能达到从业者的技能水平。对客户的价值则是，客户可以使用这些服务事先获得威胁预警、理解威胁，是否有人谈论客户的组织，并且通常是从TTP角度来了解攻击团伙。

1.4.6 攻击团伙跟踪

对于成熟度更高的安全运营团队或专门的威胁情报团队使用威胁情报来更多地了解攻击者，以支持威胁评估，例如，评估威胁行为体、他们的意图、能力和战术等。我们必须花时间去了解威胁者的意图和能力，以便做出更好的优先级决定。仅仅是"黑IP列表"这样的指标，并不能提供这样的洞察力。

1.4.7 决策支持

威胁情报的作用决定于做决策的人。只有当你定义了你的问题并能从减少不确定性中获得价值时，威胁情报才能发挥作用。比如，优化风险管理和安全投资。

第2章 威胁情报的类型和来源

2.1 威胁情报的类型

按照目标受众及影响范围和作用我们将威胁情报分为三类：战术（Tactical）、运营（Operational）和战略（Strategic）。情报类型如表2-1所示。

表 2-1 情报类型

情报类型	使 用 者	描　述
战术情报	SOC 操作、安全运维团队	为网络级别行动和补救提供信息的技术指标和行为
运营情报	事件响应、威胁分析检测团队、安全负责人	关于对手行为的情报：整体补救，威胁狩猎，行为检测，购买决策和数据搜集
战略情报	CISO、CSO	描绘当前对于特定组织的威胁类型和对手现状，以辅助决策

战术情报：以自动化检测分析为主。

运营情报：以安全响应分析为目的。

战略情报：指导整体安全投资策略。

2.1.1　战术情报

战术情报，标记攻击者所使用工具相关的特征值及网络基础设施信息（文件HASH、IP、域名、程序运行路径、注册表项等），其作用主要是发现威胁事件及对报警确认或优先级排序。常见的失陷检测情报（C2情报）、IP地址情报就属于这个范畴，它们都是可机读的情报，可以直接被设备使用，自动化地完成上述的安全工作。

失陷检测情报，即攻击者控制被害主机所使用的远程命令与控制服务器情报。情报的IOC往往是域名、IP、URL形式，这种IOC可以推送到不同的安全设备中，如NGFW、IPS、SIEM等，进行检测发现甚至实时拦截。这类情报基本上都会提供危害等级、攻击团伙、恶意家族等更丰富的上下文信息，来帮助确定事件优先级并指导后续安全响应活动。使用这类情报是及时发现已经渗透到组织APT团伙、木马蠕虫的最简单、及时、有效的方式。

IP情报是有关访问互联网服务器的IP主机相关属性的信息集合，许多属性是可以帮助服务器防护场景进行攻击防御或者报警确认、优先级排序工作的。例如，利用持续在互联网上进行扫描的主机IP信息，可以防止企业资产信息被黑客掌握；利用在互联网进行自动化攻击的IP信息，可以进行Web攻击的优先级排序；利用IDC主机或终端用户主机IP信息，可以进行攻击确认、可疑行为检测或垃圾邮件拦截；而网关IP、代理IP等也都各自有不同的作用，相关场景很多，这里不再一一列举了。

2.1.2 运营情报

运营情报，描述攻击者的工具、技术及过程，即所谓的TTP，这是相对战术情报抽象程度更高的威胁信息，是给威胁分析师或安全事件响应人员使用的，目的是对已知的重要安全事件做分析（报警确认、攻击影响范围、攻击链及攻击目的、技战术方法等）或利用已知的攻击者技战术主动地查找攻击相关线索。第一类活动属于事件响应活动的一部分，第二类活动属于威胁狩猎活动。

事件响应活动中的安全分析需要本地日志、流量和终端信息，需要企业有关的资产情报信息，也需要运营级威胁情报。这种情况下情报的具体形式往往是威胁情报平台这样为分析师使用的应用工具。有一个和攻击事件相关的域名或IP，利用这个平台就有可能找到和攻击者相关的更多的攻击事件及详情，能够对攻击目的、技战术有更多的认识。通过一个样本，我们能够看到更多的相关样本，也可以对样本的类型、流行程度、样本在主机上的行为特征有更多的了解。同样的，利用这个平台可以持续地跟踪相关的攻击者使用的网络基础设施变化，发现相关资产是否已经被攻击者所利用等。

威胁狩猎是一个基于技战术发现未知威胁事件，同时获得进一步黑客技战术相关信息的过程。威胁狩猎的过程需要特定的内部日志、流量或终端数据和相应分析工具，还需要掌握有较丰富对手技战术的安全分析师。这类情报往往通过基于安全事件的分析报告，或者特定的技战术数据库得到，国际上在这方面已经有较多的进展，包括了各类开源或限定范围的来源可以提供这样的信息，而国内相对较少，并且一些安全事件报告因为这样那样的问题，并不能公开发表最宝贵的TTP层面分析内容。

2.1.3 战略情报

战略层面的威胁情报，描绘当前对于特定组织的威胁类型和对手现状，指导安全投资的大方向，是给组织的安全管理者使用的。例如，CSO、CISO。一个组织在安全上的投入有多少，应该投入哪些方向，往往是需要在最高层达成一致的。但面临着一个问题，如何让对具体攻防技术并不清楚的业务管理者得到足够的信息，来确定相关的安全投资等策略？这时候如果CSO手中有战略层面的情报，就会成为有力的武器。它包括了什么样的组织会进行攻击、攻击可能造成的危害有哪些、攻击者的战术能力和掌控的资源情况等，当然也会包括具体的攻击实例。有了这样的信息，安全投入上的决策就不再是盲目的，而是更符合组织的业务状况及面临的真实威胁。

2.2 威胁情报的来源

根据使用威胁情报的目的，来源在不同场景下有所差异。

2.2.1 国家层面猎杀入侵者

国家层面的威胁狩猎需要具备两个基础，安全大数据和威胁情报。

1. 安全大数据
- 针对攻击事件和被攻击目标的事件响应和取证证据。
- 邮件、社交网络数据、在线互联网应用和服务数据。
- 第三方安全厂商提供的威胁数据和分析结果。
- 公开来源威胁情报。
- 网络基础设施的历史信息，域名注册，动态域名注册，DNS 记录等。
- 搜索历史，包括搜索引擎，社交网络应用搜索记录等。
- 终端设备指纹和设备访问互联网实体的记录。
- IP 维度的访问互联网实体记录。
- 黑客论坛，黑客技术交流社区等相关数据。

2. 威胁情报来源
- 骨干网（合作和科研机构探针等）。
- 遥测、终端安全软件、服务端安全软件、流量探针（蜜罐、网络设备等）。
- 用户上传（样本等）。
- 安全分析师生产（分析和搜集等）。
- 情报共享和第三方购买。
- 其他数据源。

2.2.2 企业层面猎捕入侵者

威胁情报来源包括：
- 内部来源：包含流量、日志、安全设备告警、风控情报等。
- 外部来源：第三方商业情报、蜜罐、PDNS 等。
- 开源情报：社交媒体（如 Twitter）、博客、安全厂商公开的事件报告和 CERT 发布的事件报告等。

第3章 威胁情报周期和平台

3.1 威胁情报周期的定义

情报周期就是把原始信息转变成情报产品并提供给决策者进行决策与行动的过程。

3.2 威胁情报周期的五个阶段

情报周期分为五个阶段，如图3-1所示。

（1）情报规划与指导。

（2）情报搜集。

（3）情报处理与加工。

（4）情报分析与生成。

（5）情报分发与评估。

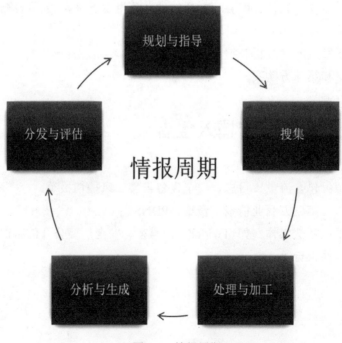

图 3-1 情报周期

3.2.1　情报规划与指导阶段

情报规划实际是情报的管理过程，贯穿着整个情报活动，负责对情报活动的全过程进行计划与指导，既是情报周期的第一个阶段，也是情报周期的最后一个阶段。说是第一个阶段，因为这个阶段有情报的需求；说是最后一个阶段，因为这个阶段也包含情报的产品制作与扩散。决策者会根据情报产品做出决策与行动，又会产生新的情报需求，从而制定新的情报规划。

完整的情报规划是一个系列化的活动过程，有着若干个环节，而前一个环节是后一个环节的基础，后一个环节是在前一个环节基础上的进一步拓展和深化。情报规划主要有以下几个环节：

（1）根据情报需求确定课题。

（2）指导情报人员进行原始信息搜集活动。

（3）对原始信息进行加工整理。

（4）对情报进行分析、产品制作、评价。

（5）写出评估性和预测性总结报告。

（6）把情报产品与总结报告分发给情报用户。

除此以外，不是所有的情报工作都会按规划安排顺利进行，所以当我们进行情报规划时，也需要考虑遇到某些情报不可得或数量有限等造成情报资料不完整，无法说明问题的情况，并提前制定出应急方案，例如，求助其他部门，调动其他情报资源等。总之，在进行情报规划的阶段，我们就需要对情报活动的全过程进行很好的规划，以使情报活动有计划，有步骤地开展起来。

在情报规划与指导阶段，CTI团队需要回答以下问题：

● 如何确定与他们的组织相关的威胁，以及如何确定威胁的优先级？

● 如何搜集发现这些威胁所对应的威胁情报？

● 是否确定了利益相关者并与之建立了联系？

● 是否掌握了利益相关者的情报需求？

● 如何为最大程度降低组织风险做出贡献？

● 搜集到的威胁情报如何加工成我们想要的成品情报？

● 成品如何交付和运营、闭环策略分别是什么？

3.2.1.1　情报需求

情报需求是指需要搜集信息或生产情报的任何一般或特定主题。

● 情报需求是利益相关者（CERT，CXO 等）希望情报团队回答的关键问题。

● 回答利益相关者关心的关键问题（而不是你关心的问题）。

情报需求是情报处理过程中的关键部分，有助于确保分析人员重点关注情报搜集和分析，以及适当的情报生产。这使得情报处理更有效率、更可测量，这是长期成功的关键。

情报需求是情报生命周期循环中的第一阶段。在此阶段上,组织对情报需求具体化、流程化、文档化,也表明组织对威胁情报的应用逐渐成熟起来。

情报需求类型如表3-1所示。

表 3-1　情报需求类型

战略需求	运营需求	技战术需求
经营业务	物理外部/周围暴露	TTP（战术、技术和过程）
经营国家	内部物理暴露	电子邮件日志（时间戳记,发件人,收件人,主题,附件名称,附件哈希值等）
企业最重要的资产	你最担心哪种类型的攻击/威胁?	网络：代理日志,防火墙日志,AD 日志等,内部和第三方 PDNS
潜在的对手：谁会对你的业务感兴趣?	谁是你的托管服务提供商?	终端：内存转储,注册表配置单元,进程执行等

确定情报需求的几点建议：

● 基于过去安全事件的需求。

　根据此前已经调查的事件,如每个 IP 地址、每个恶意软件、每个域名来构建需求。

● 基于经营业务的需求。

　你是银行还是金融机构? 具有经济动机的攻击者可能想攻击你。

　你是能源组织吗? 少数攻击者擅长于此。

　你是高科技行业吗? 寻找试图窃取知识产权的攻击组织。

● 基于地缘政治的要求。

　如 APT 攻击通常专注于某一区域。

● 基于对手能力的要求。

不同的攻击组织的技术能力不同,不同攻击者所具备的能力也不同。比如,某些攻击组织擅长内网渗透,而另外一些攻击组织更擅长云安全。

3.2.2　情报搜集阶段

情报搜集是为了制作情报产品而进行的原始的信息搜集活动。

在确定情报需求之后,下一个阶段是搜集情报。在这个阶段,CTI团队搜集数据来帮助组织回答问题并满足情报需求。

根据《2020 SANS Cyber Threat Intelligence（CTI）　Survey》（超过1000+企业参与）的统计,情报搜集的来源如图3-2所示。

其中,开源情报依然是最大的来源。

	2020	2019	Trend
Open source or public CTI feeds (DNS, MalwareDomainList.com)	74.3%	66.2%	8.1%
Threat feeds from CTI-specific vendors	68.9%	59.8%	9.1%
Threat feeds from general security vendors	68.5%	63.8%	4.7%
Community or industry groups such as information sharing and analysis centers (ISACs) and Computer Emergency Readiness Teams (CERTs)	68.2%	63.4%	4.7%
Security data gathered from our IDS, firewall, endpoint and other security systems	63.4%	62.2%	1.2%
External sources such as media reports and news	63.1%	63.4%	-0.3%
Incident response and live forensics	63.1%	55.3%	7.8%
SIEM platform	62.0%	59.2%	2.8%
Vulnerability data	60.6%	58.6%	2.0%
Network traffic analysis (packet and flow data)	57.0%	53.2%	3.8%
Forensics (postmortem)	56.4%	48.3%	8.0%
CTI service provider	45.9%	42.6%	3.3%
Application logs	44.4%	43.2%	1.2%
Other formal and informal groups with a shared interest	43.3%	39.6%	3.8%
Closed or dark web sources	42.1%	39.9%	2.2%
Security analytics platform other than SIEM	36.9%	36.9%	0.1%
User access and account information	31.9%	34.1%	-2.3%
Honey pot data	29.9%	29.3%	0.5%
User behavior data	29.6%	30.5%	-1.0%
Shared spreadsheets and/or email	21.0%	25.1%	-4.1%
Other	1.5%	1.8%	-0.3%

图 3-2　情报搜集的来源

3.2.3　情报处理与加工阶段

情报的处理与加工阶段是情报周期的第三个阶段，实际是情报的整理与组织过程。整理与组织的目的是将搜集来的原始信息进行相关序列号与存储，提供给情报分析与预测人员使用，为情报周期的下一个阶段做准备。

这个阶段主要的工作点是情报数据预处理、分析建模等。

在这个阶段企业可以使用威胁情报平台，对搜集的各种情报数据进行整理，供情报人员检索，重点是以快速访问和有用的格式存储信息。

3.2.3.1　威胁情报平台

威胁情报平台是搜集、管理和共享威胁情报的软件解决方案。威胁情报平台（TIP）如图3-3所示。

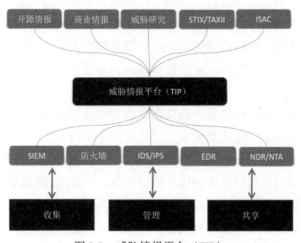

图 3-3　威胁情报平台（TIP）

威胁情报平台的四个基本功能如下：

（1）情报聚合。

（2）数据规范化和丰富化。

（3）与现有安全系统集成。

（4）分析和共享威胁情报。

1. 情报聚合

威胁情报平台可以自动搜集和处理来自各种来源和格式的数据。支持的来源和格式包括：开源情报、商业情报、可信共享社区（ISAC）、内部数据，支持stix、xml、json、csv、txt、pdf等格式。

2. 数据规范化和丰富化

具体包括三个步骤：规范化，去重和数据丰富。

规范化：整合不同来源格式的数据。

去重：删除重复信息。

数据丰富：消除误报、指标评分和添加上下文。

3. 与现有安全系统集成

数据规范化和丰富化后就可以与SIEM、Endpoint、Firewall和IPS等系统集成。

4. 分析和共享威胁情报

威胁情报平台能够帮助分析人员调查威胁、了解威胁的更广泛背景和展示，生产情报产品并与利益相关者共享。

3.2.4 情报分析与生成阶段

情报分析与生成是情报周期的第四个阶段，是将二次和三次情报进行分析研究后制作情报产品的过程，包含情报分析、预测、产品制作、评估等内容。

情报分析与预测是情报分析人员针对利益相关方对情报的特定需求，制定情报分析与预测课题，然后通过各种情报调研活动，广泛系统地搜索与该课题有关的信息，经过加工整理，价值评价和分析研究，使已知信息的内容得以系统化，有序化，以便揭示情报的运动规律，并在此基础上，运用情报分析理论与方法对某一情况的未知或未来信息做出合理的预测；最后以某种情报产品的形式将预测成果通过适当的渠道传递给用户，以便满足用户的情报需求。这就是情报分析阶段的活动内容。

情报产品是指情报分析与预测机构准备交付用户的最终产品，是在情报分析与预测过程中产生的各种有用信息的具体的实在的组合体。情报产品的类型有消息类情报产品，数据类情报产品，研究报告类情报产品，而研究报告类情报产品又主要分为综述性，述评性，预测性，评估性和背景性研究报告，情报产品制作就是要进行此类产品的制作，并对情报产品进行评价。对情报产品评价是这个阶段不可或缺的，有利于寻找和及时发现情报分析与预测各环节存在的疏漏，缺陷和问题，改进和提高产品质量，满足管理的需要。情报分析与产品制作阶段是情报周期中的核心阶段，是情报实现价值增值的关键一环。

结构化分析模型：网络杀伤链、钻石模型、MITRE ATT&CK等。

网络杀伤链

网络杀伤链（Cyber Kill Chain framework）是用于识别和预防网络入侵活动的威胁情报驱动防御模型（Intelligence Driven Defense model）的一部分，借用军事领域的"杀伤链"概念，用于指导识别攻击者为了达到入侵网络的目的所需完成的活动。

钻石模型

钻石模型认为，不论何种入侵活动，其基本元素都是一个个的事件（Event），而每个事件都由以下四个核心特征组成：对手（Adversary）、能力（Capability）、基础设施（Infrastructure）和受害者（Victim）。

MITRE ATT&CK

ATT&CK（Adversarial Tactics,Techniques and Common Knowledge，对手战术、技术及通用知识库）是一个反映各个攻击生命周期的攻击行为的模型和知识库。

3.2.5 情报分发与评估阶段

情报分发与评估是情报周期的第五个阶段，对应着情报过程中的情报传递过程、情报吸收，以及情报评估与反馈过程。情报分发是将情报产品以适宜的形式传递给最终情报用户（情报产品消费者）的阶段，是通过搜集、处理、分析和产品制作后使情报发挥价值的阶段。

在企业情报的分发流程上，借鉴CIA的情报精确分发系统，有关人员要根据不同的情报用户（安全部门、CXO、"兄弟"部门）对情报的特定需求，把情报产品通过某种方式传递给相应的情报用户，情报产品消费者对提供的情报产品进行吸收利用，做出决策与行动。至此，一个完整的情报周期形成。

情报评估与反馈，情报用户在收到情报产品后，对情报服务流程进行评价与反馈，不仅是对情报产品和情报体系的总体评估，而且针对每个传递环节进行分别评价。对整个情报周期而言，来自用户的持续反馈非常重要，它使情报团队能够及时调整和改善相关行动和分析模式以更好地适应不断变化与发展的情报需求。

情报分发与评估阶段的完成并不代表着情报工作的结束，决策者根据情报产品做出的决策与行动又会诱发新的情报需求。因此，又会有新的情报规划产生，情报活动又回归到情报周期的第一个阶段，开始新一轮的情报周期。

第4章 威胁情报标准

在计算机诞生之初，科学家们为了让计算机之间能够互相交换信息制定了用于交换信息的网络标准框架和网络协议，并将多台计算机连接到同一个内部网络中。而在这个过程中诞生了很多种不同的网络协议。为了让使用不同网络协议的各个计算机内部网络能够互相交换信息，需要设计一种通用的"沟通语言"（标准框架和网络协议）使各种计算机在世界范围内互连，OSI模型和TCP/IP协议就应运而生了。

在计算机网络安全领域，为了实现机器之间交换威胁信息，网络安全专家们开发了威胁情报标准。威胁情报标准是机器交换威胁信息最好的"沟通语言"，它使机器在威胁信息范式、交换格式、共享内容等方面达成共识。

在威胁情报信息共享和威胁情报标准方面，美国发展迅速，MITRE提出了众多威胁情报共享和交换的标准，例如：STIX、TAXII、OpenC2、CybOX、MAEC、OVAL、CAPEC等。

相比之下，国内的威胁情报体系起步较晚，发展缓慢。2018年10月10日，威胁情报相关国家标准《信息安全技术 网络安全威胁信息格式规范》（GB/T 36643—2018）才正式发布，该标准定义了一个通用的网络安全威胁信息表达模型，从可观测数据、攻击指标、安全事件、攻击活动、威胁主体、攻击目标、攻击方法及应对措施八个组件进行描述。国标的发布意味着我国网络安全领域又向标准化、规范化前进了一步。

4.1 STIX 和 TAXII

结构化威胁信息表达（STIX）是一种用于交换威胁情报（CTI）的语言和序列化（JSON）格式。威胁情报是描述有关对手及其行为的信息。例如，知道某些对手通过使用定制的钓鱼电子邮件来定向攻击金融机构，对于防御攻击非常有用。STIX以机器可读形式捕获这种类型的情报，以便可以在组织和工具之间共享。

情报信息的可信自动化交换（TAXII）是基于HTTPS交换威胁情报信息的一个应用层协议。TAXII是为支持使用STIX描述的威胁情报交换而专门设计的，但是也可以用来共享其他格式的数据。需要注意的是，STIX和TAXII是两个相互独立的标准，也就是说，STIX的结构和序列化不依赖于任何特定的传输机制，而TAXII也可用于传输非STIX数据。

使用TAXII规范，不同的组织机构之间可以通过定义与通用共享模型相对应的API来共享威胁情报。

4.1.1   STIX 用例

1．分析和共享威胁情报
- 技战术
- 对手信息
- 失陷指标
- 活动和入侵集

2．支持威胁情报生命周期
- 分享观察到的情况

3．管理网络威胁响应活动
- 网络威胁预防
- 网络威胁检测
- 事件响应

4.1.2   STIX 2.1 对象

STIX2.1对象使用要填充的特定属性对每条信息进行分类。通过关系将多个对象链接在一起可以轻松或复杂地表示威胁情报。表4-1列出了可以通过STIX2.1对象描述的内容。

表4-1   STIX 2.1 对象名称与描述

对象名称	描　述
攻击模式（Attack Pattern）	一种 TTP，描述攻击者试图破坏目标的方式
活动（Campaign）	一组对手行为，描述了在一段时间内针对一组特定目标发生的一组恶意活动或攻击
行动方案（Course of Action）	情报生产者向消费者提出的关于他们可能针对该情报采取的行动的建议
分组（Grouping）	明确地断言被引用的 STIX 对象有一个共享的上下文，与 STIX Bundle（明确地传达没有上下文）不同
身份（Identity）	真实的个人、组织，以及个人、组织的类别（例如，金融行业）
指标（Indicator）	包含可用于检测可疑或恶意网络活动的模式
网络基础设施（Infrastructure）	一种 TTP 并描述旨在支持某些目的的任何系统、软件服务和任何相关的物理或虚拟资源
入侵集（Intrusion Set）	一组具有共同属性的对手行为和资源，被认为是由单个组织精心策划的。
位置（Location）	地理位置
恶意软件（Malware）	一种代表恶意代码的 TTP

（续表）

对象名称	描　　述
恶意代码分析（Malware Analysis）	对恶意代码或家族执行的特定静态或动态分析的元数据和结果
笔记（Note）	传达信息文本以提供进一步的上下文和提供未包含在注释相关的STIX对象、标记定义对象或语言内容对象中的附加分析
观察数据（Observed Data）	使用STIX网络可观察对象（SCO）传送有关网络安全相关实体（例如，文件、系统和网络）的信息
观点（Opinion）	对不同实体生成的 STIX 对象中信息正确性的评估
报告（Report）	一个或多个主题的威胁情报集合，如对威胁行为体、恶意软件或攻击技术的描述，包括背景和相关细节
威胁行为体（Threat Actor）	被认为具有恶意行为的真实个人、组织
工具（Tool）	可被威胁行为体用来执行攻击的合法软件
漏洞（Vulnerability）	软件中的一个错误，可被黑客直接用来获取系统或网络的访问权限

STIX 2.1定义了两个STIX关系对象（SRO）：

关系（Relationship）：用于将两个SDO或SCO链接在一起，以描述它们如何相互关联。

观察到的（Sighting）：表示在威胁情报中看到的东西（如指标、恶意软件、工具、威胁行为体等）。

4.1.3　STIX 2.1 应用举例

STIX 2.1 应用举例如表4-2所示。

表 4-2　STIX 2.1 应用举例

示　　例	STIX 类型	描　　述
识别威胁行为体的特征	身份、威胁行为体	威胁行为体通常有几个明显的特征，如别名、目标和动机，可以在 STIX 威胁行为体对象中捕获。在这个例子中，威胁行为体也可以归属于一个身份对象，该对象为更基本的可识别信息建模
恶意 URL 的指标	指标、恶意软件	此示例使用 STIX 模式语言对表示恶意 URL 的 STIX 指标对象进行建模。指标表明它是一种恶意软件的传递机制
定义活动、入侵集和威胁行为体的关系	攻击模式、活动、身份、入侵集、威胁行为体	STIX 中的入侵集表示为一个"攻击包"，其中可能包含多个活动、威胁行为体和攻击模式。此示例有助于解释活动、入侵集和威胁行为体对象之间的差异，并演示了将这三者一起使用的场景

4.2　OpenC2

OpenC2（Open Command and Control）是一种标准化的语言，用于提供或支持网络防御的技术的命令与控制。通过为机器与机器之间的通信提供一种通用语言，OpenC2 不受供应商和应用程序的限制，使一系列的网络安全工具和应用程序具有互操作性。使用标准化的接口和协议可以使不同的工具具有互操作性，而与开发它们的厂商、编程语言和实现的功能无关。

4.2.1　OpenC2 的相关术语

- 动作（Action）：要执行的单个任务，动作（例如，拒绝、更新、包含、重启等）是从生产者到消费者的指令，并由执行器执行。
- 目标（Target）：动作的对象，对目标（例如，IP 地址、文件、进程、设备等）执行操作。
- 参数（Argument）：提供关于如何、何时和何地执行命令的附加粒度的属性（例如，日期、时间、周期、持续时间、特定接口），参数依赖于上下文。
- 说明符（Specifier）：一个属性或字段，在一定程度上用于识别目标或执行器。
- 执行器（Actuator）：有执行命令的消费者执行的功能。执行器是在执行器配置文件的上下文中定义的。
- 执行器配置文件（Actuator Profile）：与特定网络防御相关的 OpenC2 语言的子集。执行器配置文件可以通过定义与特定执行器功能相关和唯一的目标、命令参数和说明符来扩展 OpenC2 语言。
- 命令（Command）：由动作—目标对、可能附加的参数和说明符定义的消息，由生产者发送、消费者接受并由执行器执行。
- 响应（Response）：从消费者到生产者的消息、确定命令或根据先前收到的命令返回请求的资源或状态。
- 消息（Message）：在生产者和消费者之间传递的一组与内容和传输无关的元素。
- 生产者（Producer）：生成和发送命令的实体（设备、应用程序、功能模块）。
- 消费者（Consumer）：接收命令并可能对命令进行操作的实体（设备、应用程序、功能模块）。

4.2.2　OpenC2 工作原理

OpenC2命令类似于英语句子结构，命令由主语、动词和宾语组成，就像一个句子。在 OpenC2术语中，它是这样的：执行器是主体。它执行一个动作，即动词。目标是执行操作的对象。

单个软件编排器可以是许多命令的生产者，并且可以与多个不同的消费者（安全单元可以是设备或软件或介于两者之间的任何东西）"对话"。你选择一个操作和目标，然后将它们放入发送给消费者的命令消息中。消费者使用其执行器之一对目标执行操作。一个OpenC2消费者可能有多个执行器，每个执行器都有一个或多个描述执行器可以执行的动作—目标对（命令）的配置文件。

OpenC2命令使用JSON格式表示，最简单的是查询命令。

```
{
    "action": "query",
      "target": {
              "features": ["versions", "profiles", "pairs", "rate_limit"]
              }
    }
```

这个命令询问消费者："你能做什么？"消费者用JSON回复，描述所知道的语言版本、包含的配置文件、可以执行的操作—目标对，以及它每分钟可以执行的命令。

4.3 CybOX

当网络攻击发生时，由于收到目标电子邮件、发生未经授权的通信和恶意软件感染，攻击活动导致个人电脑和服务器上的活动痕迹被记录下来。CybOX（Cyber Observable eXpression，网络可观察表达式）是一种描述网络攻击观察事件的规范，用于记录和交换这些事件。

CybOX定义了一种描述计算机可观察对象和实体的方法，现已经被集成到STIX中。可观察对象可以是动态的事件，也可以是静态的资产，例如，HTTP会话、X.509证书、文件、系统配置项等。CybOX 规范提供了一套标准且支持扩展的语法，用来描述所有可被从计算系统和操作上观察到的内容，可用于威胁评估、日志管理、恶意软件特征描述、指标共享和事件响应等。

可观察对象的包括：

● 注册表项已创建。
● 文件已删除。
● 存在互斥锁（Mutex）。
● 收到特定的 HTTP Get 请求。
● 文件具有特定的 MD5 哈希值。
● 特定 IP 地址发生网络流量。
● 观察到来自特定地址的电子邮件。
● 服务的配置被更改。
● 创建了一个远程线程。

4.4 CAPEC

CAPEC（Common Attack Pattern Enumeration and Classification，通用攻击模式枚举与分类），致力于提供一个关于通用攻击模式的公开可用分类，从而帮助用户理解对手如何利用应用程序的脆弱点来进行攻击。

攻击模式（Attack Patterns）是对对手利用网络能力的已知脆弱性所采用的共同属性和方法的描述。攻击模式定义了对手可能面临的挑战，以及他们如何去解决它。这些解决方法来源于在破坏性环境中应用的设计模式的概念，并且通过对特定的现实世界的开发实例的深入分析生成。

每个攻击模式都能捕获到关于攻击的特定部分是如何设计和执行的知识，并对如何减轻攻击的有效性提供指导。攻击模式帮助开发应用程序或网络管理人员更好地理解攻击的特征，以及如何阻止它们成功。

攻击模式示例：

- HTTP 响应分割（CAPEC-34）
- 跨站请求伪造（CAPEC-62）
- 数据库注入（CAPEC-66）
- 跨站脚本（CAPEC-63）
- 缓冲区溢出（CAPEC-100）
- 点击劫持（CAPEC-103）
- 相对路径遍历（CAPEC-139）

CAPEC与ATT&CK对比。

了解对手的行为在网络安全中越来越重要。目前有两种方法来组织关于对手行为的知识：CAPEC和ATT&CK，每种方法都专注于一组特定的用例。

CAPEC专注于应用程序安全，并描述了攻击者利用网络能力中的已知脆弱点所采用的通用属性和技术（例如，SQL注入、XSS、点击劫持等）。

- 专注于应用安全
- 枚举了针对脆弱系统的漏洞
- 包括社会工程学/供应链攻击
- 与通用脆弱点枚举（CWE）相关联

ATT&CK专注于网络防御并描述了对手生命周期中的操作阶段，即入侵前和入侵后（如持久性、横向移动、渗出），并详细介绍了高级持续威胁（APT）在定位、入侵和在网络内操作时用来执行其目标的具体战术、技术和过程（TTP）。

- 专注于网络防御
- 基于威胁情报和红队研究
- 提供对恶意行为的上下文

● 支持防御方案的测试和分析

CAPEC所枚举的许多攻击模式是由对手通过ATT&CK所描述的特定技术来使用的。这使得在对手的行动周期内对攻击模式有了上下文的理解。CAPEC攻击模式和相关的ATT&CK 技术在两者之间适当时交叉引用。

4.5　GB/T 36643—2018

《信息安全技术 网络安全威胁信息格式规范》（GB/T 36643—2018），以下简称GB/T 36643—2018，给出一种结构化方法描述网络安全威胁信息，目的是实现各组织间网络安全威胁信息的共享和利用，并支持网络安全威胁管理和应用的自动化。要实现这些目标，则需要一种通用模型来实现对网络安全威胁信息的统一描述，确保网络安全威胁信息描述的一致性，从而提升威胁信息共享的效率、互操作性，以及提升整体的网络安全威胁态势感知能力。

4.5.1　威胁信息维度

GB/T 36643—2018定义了一个通用的网络安全威胁信息模型。威胁信息模型从对象、方法和事件三个维度，对网络安全威胁信息进行了划分，采用包括可观测数据、攻击指标、安全事件、攻击活动、威胁主体、攻击目标、攻击方法、应对措施在内的八个威胁信息组件描述网络安全威胁信息。威胁信息模型中的八个组件可以划分到以下三个域中。

（1）对象域：描述网络安全威胁的参与角色，包括两个组件："威胁主体"（一般是攻击者）和"攻击目标"（一般是受害者）。

（2）方法域：描述网络安全威胁中的方法类元素，包括两个组件："攻击方法"（攻击者实施入侵所采用的方法、技术和过程），以及"应对措施"（包括针对攻击行为的预警、检测、防护、响应等动作）。

（3）事件域：在不同层面描述网络安全威胁相关的事件，包括四个组件："攻击活动"（以经济或政治为攻击目标）、"安全事件"（对信息系统进行渗透的行为）、"攻击指标"（对终端或设备实施的单步攻击）和"可观测数据"（在网络或主机层面捕获的基础事件）。

4.5.2　威胁信息组件

图4-1给出了威胁信息模型，它包括八个威胁信息组件，每个组件包含要素本身属性和与其他组件的关系信息，是构成威胁信息模型的关键要素。

（1）"可观测数据"：与主机或网络相关的有状态的属性或可测量事件，是威胁信息模型中最基础的组件。

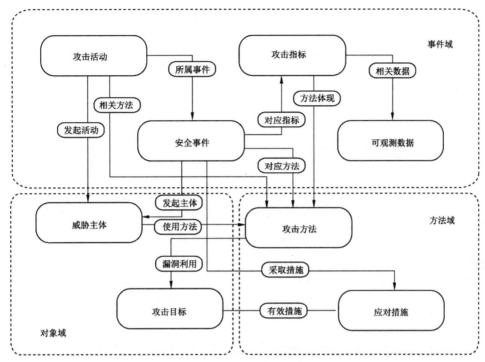

图 4-1　威胁信息模型

（2）"攻击指标"：用来识别一个特定"攻击方法"的技术指标，它是多个"可观测数据"的组合，是用来检测"安全事件"的检测规则。

（3）"安全事件"：依据对应指标（"攻击指标"）检测出的可能影响到特定组织的网络攻击事件，一个具体的网络攻击事件可涉及"威胁主体"、"攻击方法"和"应对措施"等信息。

（4）"攻击活动"："威胁主体"采用具体的"攻击方法"实现一个具体攻击意图的系列攻击动作，整个攻击活动会产生一系列"安全事件"。

（5）"威胁主体"："攻击活动"中发起活动的主体，"威胁主体"使用相关方法（"攻击方法"）达到攻击意图。

（6）"攻击目标"：被"攻击方法"所利用的软件、系统、网络的漏洞或弱点，对于每个攻击目标，都有相应的有效措施（"应对措施"）进行抑制。

（7）"攻击方法"：对"威胁主体"实施攻击过程中所使用方法的描述，每种"攻击方法"都会采取漏洞利用的方式来利用"攻击目标"上的漏洞或弱点类型。

（8）"应对措施"：应对具体"攻击目标"有效措施，当安全事件发生后，也可能会采取相应的"应对措施"进行事后的安全事件处置。

GB/T 36643—2018中定义的威胁信息模型应灵活、可扩展，主要表现在威胁信息模型中定义的各个威胁信息组件都是可选的，它既可以独立使用，也可以任意方式组合，比如，在特定应用场景下，可以只使用威胁信息模型中相关的组件，而无须使用全部的组件。威胁信息模型的灵活和可扩展特性使得其适合在各种独立的应用场景中使用。

第5章 威胁情报分析方法、框架和模型

5.1 威胁情报分析方法

威胁情报分析是威胁情报工作的中心环节。在这一过程中，威胁情报分析人员要通过系统缜密的思维活动，破解对手的行为密码，洞察其真实意图，从而发现威胁，为决策者提供用于决策和行动的依据。威胁情报分析人员不仅要面对各种不确定性带来的巨大挑战，还要受到自身主观因素的影响。这就需要分析人员掌握科学的方法论，使用正确的威胁情报分析方法，消除威胁情报分析过程中存在的各种认知偏见，尽可能得出正确的结论。

当分析人员必须面对各种不完整的、含糊不清的，有时甚至是欺骗性的信息时，结构化威胁情报分析方法提供了一种循序渐进的过程，将单个分析人员的思考过程具体化，使其更易被观察，从而能够被他人共享、改进和批判。这种结构化的、透明的过程与专家的直觉判断相结合，能够极大地减少出现分析错误的风险。

结构化威胁情报分析方法是克服偏见的方法，其作用是让分析人员发现有更多的选择可以考虑，从而质疑直觉判断。例如，"竞争性假设分析法"需要找出替代的假设，关注证伪假设（指证实假设不成立）而非证实假设，以及对证据进行更系统的分析。"关键假定检查法"需要发现和考虑更多附加的假定。

5.1.1 竞争性假设分析法（ACH）

竞争性假设分析法（简称ACH）是明确一组完整的替代假设，系统评估数据资料与每个假设一致与否的分析过程，采用的方式是排除假设而非试图证实哪个假设看似最有可能。竞争性假设分析法的首要步骤是明确一组相互排斥的、被称为"假设"的替代解释或结果。分析人员对每个相关信息与每个假设的一致程度或不一致程度进行评估，然后选出最贴合证据的那个假设。本方法背后的科学原理是证伪尽可能多的合理假设，而非证实最初看来最有可能的那个假设。最有可能成立的假设是反对证据最少同时有支持证据的那个，而不仅仅是支持证据最多的那个。

竞争性假设分析法适用于任何对已经发生、正在发生或可能会发生的事情的替代解释进行的分析。

5.1.1.1 使用竞争性假设分析法分析 WannaCry 事件

2017年5月12日，随着WannaCry勒索软件在世界各地的计算机网络中传播，各种解

释也开始在信息安全社区中蔓延。谁对WannaCry活动负责？其目的又是什么？勒索软件暗示这是网络犯罪分子所为，但鉴于感染和破坏的规模之大，一些评论家怀疑是国家资助的黑客所为。尽管安全研究界进行了不懈的分析，并带来了一些新的信息片段，但在该活动的归因上还没有达成共识。

分析表明，2017年2月的WannaCry样本包含一小部分代码，与之前Lazarus活动中使用的代码相同。然而，在撰写本书时，我们评估认为，没有足够的证据来证实这种归因于该组织的说法，应考虑其他假设。虽然恶意软件最初可能是由一个威胁行为体开发和使用的，但这并不意味着它将永远是该威胁行为体所独有的。恶意软件样本可能会被意外或故意泄露、窃取、出售，或被团体中的个别成员用于独立行动。因此，重要的是要考虑其他因素，如一个行动与以前归属于一个威胁行为体的活动的一致性。

通过将竞争性假设分析法应用于目前通过来源获得的信息，使我们能够评估迄今为止所提供的数据的可靠性和相关性，并对最有可能成为此次攻击背后的威胁行为体类型进行一些初步评估。因此，我们为这项工作的目的提出了四个假设。假设该活动是由以下组织或个人发起的。

● 一个复杂的、有经济动机的网络犯罪行为体（H1）。
● 一个不复杂的、有经济动机的网络犯罪行为体（H2）。
● 进行破坏性行动的国家资助的威胁行为体（H3）。
● 旨在"栽赃"给国家安全局的国家资助的威胁行为体（H4）。

利用主要和次要的报告及分析师的评估，我们搜集了目前出现的最显著数据点的集合。除了广泛讨论的使用DOUBLEPULSAR后门释放器、ETERNALBLUE漏洞和SMB漏洞（后者用于传播），还有其他一些证据来推动我们的评估，这些都列在下面的表5-1中。

● 所谓的"kill-Switch"可能是一个反沙盒功能，一个经过深思熟虑的反分析措施。
● 由于意外错误导致比特币钱包数量较少。赛门铁克报告称，仅创建三个比特币钱包供受害者将付款转移到该钱包，是恶意软件代码中存在错误（称为竞争条件）的结果。
● 没有证据表明该恶意软件是通过钓鱼邮件传播的。例如，IBM X-Force 扫描了超过 10 亿封通过其蜜罐的电子邮件，没有发现任何证据表明垃圾邮件/网络钓鱼是最初的感染媒介。

表 5-1 ACH

证据	证据类型	置信度	相关性	H1 -13.414	H2 -1.414	H3 -5.0	H4 -3.0
使用方程式组织的 ETERNALBLUE 漏洞利用	次要报告	高	高	N	N	N	N
安装 DOUBLEPULSAR 后门	次要报告	高	高	N	N	N	N
利用 SMB 漏洞进行传播	次要报告	高	高	N	N	N	N
ETERNALBLUE 漏洞利用使用简单	我们评估	高	中	N	N	N	N
反分析功能可用作 kill-Switch 开关	次要报告	高	高	I	C	N	N
样本首次出现于 2017 年 2 月	主要报告	中	中	N	N	N	N
没有证据证明钓鱼邮件是初始媒介	次要报告	高	高	I	C	I	C
加密无须操作员输入	次要报告	高	高	C	C	C	C
受害者支付赎金后没有收到解密密钥	主要报告	中	中	I	C	N	N
由于竞争条件缺陷导致只有 3 个用于接收比特币的钱包	次要报告	高	高	I	C	I	I
赎金要求为每台机器 300 美元，而不是针对组织	主要报告	高	高	I	C	N	N
低效的勒索方法	我们评估	高	中	I	C	N	N
钱没有被兑现	主要报告	中	中	I	C	I	C
没有后续攻击活动	主要和次要报告	高	高	N	C	N	N
代码与 Lazarus Group 的相似性	次要报告	低	中	C	I	C	C

注：

"C"表示信息与该假设一致。

"I"表示信息与该假设不一致。

"N"表示信息不适用于该假设。

"Cs"表示某特定证据特别有说服力。

"Is"表示它会大大降低假设的可能性。

虽然没有明确的结论，但是根据目前可用的信息，用竞争性假设分析法（ACH）评估认为，WannaCry活动是由一个不老练的网络犯罪分子发起的。

有许多数据点与这一评估相一致，但是有几个数据点与这一评估不一致。

● 该活动的协调和执行情况相对较差：据报道付款的受害者没有收到解密密钥。

- 被攻击的组织没有明显的模式。
- 只创建了三个比特币钱包用于接收付款。
- 无法有效地实现货币化。
- 失败的反沙盒措施和竞赛条件错误。

这些不一致的地方不是通常认为的与复杂的网络犯罪行动相关的错误。相比之下，Carbanak有组织犯罪集团以开展高度有针对性的、利润丰厚和高效的行动而闻名，他们依靠战略性地使用社会工程攻击和网络入侵，更类似于高级持续性威胁（APT）组织使用的战术。

H3和H4认为该活动是与国家资助的威胁行为体所为，也存在不一致之处。

- 如果这些攻击旨在诋毁国家安全局（H4），那么为什么缺乏支持性的媒体叙事来推动这一信息？例如，在 2016 年对 X 国总统选举的攻击中，针对 XX 党的网络入侵和随后的数据泄露都伴随着批评 XXX 的博文和媒体评论。如果这是一场旨在造成破坏的国家资助的活动（H3），我们还希望看到某种程度的目标规格和明确的运动目标。
- 以 Lazarus Group 为例，在他们以前的破坏性活动中，一般都表现出一致的地理目标水平——主要针对特定国家的组织；针对特定行业，如媒体公司、金融机构。一些重要的国家基础设施一直是主要的攻击目标。但在 WannaCry 的案例中，感染广泛分布在世界各地，而且恶意软件似乎几乎不分青红皂白地传播，没有受到操作者的控制。如果攻击者使用网络钓鱼载体，他们将能够限制恶意软件在网络外传播的能力，而是使用鱼叉式网络钓鱼电子邮件来针对选定的组织。

5.2 威胁情报分析框架和模型

威胁情报分析框架为分析师提供了思考攻击和对手的结构。它们促进了对攻击者如何思考、他们使用的TTP，以及特定事件在攻击生命周期中发生的位置的广泛理解。这些知识使防御者能够更快地采取果断行动并更快地阻止攻击者。

框架还将注意力集中在需要进一步调查的细节上。这种对细节的关注确保了威胁已被完全消除，并采取了措施以防止未来发生同类入侵。

此外，框架对于在组织内部和跨组织共享信息很有用。它们提供了通用的语法和句法来解释攻击的细节，以及这些细节如何相互关联。共享框架可以更轻松地从威胁情报供应商、开源论坛、信息共享和分析中心（ISAC）和其他来源获取威胁情报。

下面概述的框架是互补的，而不是竞争的。你可以选择利用其中的任何一个、两个或全部三个。

5.2.1 洛克希德·马丁网络杀伤链

5.2.1.1 什么是杀伤链?

"杀伤链"这个概念源自军事领域,它是一个描述攻击环节的六阶段模型,该理论也可以用来反制此类攻击(即反杀伤链)。杀伤链共有发现(Find)、定位(Fix)、跟踪(Track)、瞄准(Target)、打击(Engage)和评估(F2T2EA)六个环节。

5.2.1.2 什么是网络杀伤链?

网络杀伤链(Cyber Kill Chain framework)是用于识别和预防网络入侵活动的威胁情报驱动防御模型(Intelligence Driven Defense model)的一部分,由洛克希德·马丁公司(Lockheed Martin)于2011提出,借用军事领域的"杀伤链"概念,用于指导识别攻击者为了达到入侵网络的目的所需完成的活动。

5.2.1.3 网络杀伤链的 7 个步骤

网络杀伤链的7个步骤如图5-1所示。

图 5-1 网络杀伤链

- 侦察跟踪(RECONNAISSANCE)
- 武器构建(WEAPONIZATION)
- 载荷传递(DELIVERY)
- 漏洞利用(EXPLOITATION)
- 安装植入(INSTALLATION)
- 命令与控制(COMMAND & CONTROL)
- 目标达成(ACTIONS ON OBJECTIVES)

1. 侦察跟踪

攻击者处在攻击行动的计划阶段,了解被攻击目标,搜寻目标的弱点。常见的手段包括搜集钓鱼攻击用的凭证或邮件地址信息,互联网主机扫描和嗅探,搜集员工的社交网络信息,搜集媒体信息、会议出席名单等。

2. 武器构建

攻击者处在攻击行动的准备和过渡阶段,攻击者使用自动化工具将漏洞利用工具和后门制作成一个可发送的武器载荷。常见手段包括先获取一个武器制作工具,为基于文件的利用代码选择诱饵文件,如Flash、Office文件,诱导被攻击对象认为是正常的文件,选择待植入的远程控制等程序并武器化。

3．载荷投递

将武器载荷向被攻击系统投递，攻击者发起了攻击行动。常见的手段包括直接向Web服务器投递，如WebShell，和通过电子邮件、USB介质、社交软件与媒体的交互、水坑等间接渠道投递。

4．漏洞利用

攻击者利用系统上的漏洞，以便进一步在目标系统上执行代码。常见的手段包括攻击者可以购买或挖掘0day漏洞，或更多地利用公开漏洞，攻击者可以直接利用服务器侧的漏洞，或诱导被攻击用户执行漏洞利用程序，如打开恶意邮件的附件，单击链接。

5．安装植入

攻击者一般会在目标系统上安装恶意程序、后门或其他植入代码，以便获取对目标系统的长期访问途径。常见手段包括在Web服务器上安装WebShell，在失陷系统上安装后门或植入程序，通过添加服务或AutoRun键值增加持久化能力，或者伪装成标准的操作系统安装组成部分。

6．命令与控制

恶意程序开启一个可供攻击者远程操作的命令通道。常见的手段包括建立一个与C2基础设施的双向通信通道，大多数的C2通道都是通过Web、DNS或邮件协议进行的，C2基础设施可能是攻击者直接所有，也可能是被攻击者控制的其他失陷网络的一部分。

7．目标达成

在攻陷系统后，攻击者具有直接操作目标主机的高级权限，进一步执行和达成攻击者最终的目标，如搜集用户凭证、权限提升、内部网络侦察、横向移动、搜集和批量拖取数据、破坏系统、查看、破坏或篡改数据等。

5.2.1.4　利用网络杀伤链进行安全分析

情报驱动防御（Intelligence Driven Defense），是一种以威胁为中心的风险管理战略，其核心是针对对手的分析，包括了解对方的能力、目标、原则及局限性，帮助防守方获得弹性的安全态势，并有效地指导安全投资的优先级（如针对某个战役识别到的风险采取措施，或高度聚焦于某个攻击对手或技术的安全措施）。

所谓弹性，是指从完整杀伤链看待入侵的检测、防御和响应，可以通过前面某个阶段的已知指标遏制链条后续的未知攻击；针对攻击方技战术重复性的特点，只要防守方能识别到、并快于对手利用这一特点，必然会增加对手的攻击成本。

杀伤链模型有以下两个重要价值，在动态攻防对抗中，使防守方可能具备优势。

（1）"链"的概念，意味着攻击方需要完成上述7个阶段的步骤才能达成目标，而防御方在某个阶段采取相应措施后就可能破坏整个链条、挫败对手。

（2）APT攻击的特点，对手会反复多次进行入侵，并根据需要在每次入侵中进行技

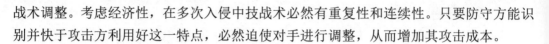

战术调整。考虑经济性，在多次入侵中技战术必然有重复性和连续性。只要防守方能识别并快于攻击方利用好这一特点，必然迫使对手进行调整，从而增加其攻击成本。

5.2.2　MITRE ATT&CK

ATT&CK是一个反映各个攻击生命周期的攻击行为的模型和知识库。

ATT&CK对对手使用的战术和技术进行枚举和分类之后，能够用于后续对攻击者行为的"理解"，如对攻击者所关注的关键资产进行标识，对攻击者会使用的技术进行追踪和利用，威胁情报对攻击者进行持续观察。ATT&CK也对APT组织进行了整理，对他们使用的TTP（技术、战术和过程）进行描述。

ATT&CK有如下特点：

（1）对手在真实环境中所使用的TTP。

（2）描述对手行为的通用语言。

（3）免费、开放、可访问。

（4）社区驱动。

5.2.2.1　ATT&CK 背景和历史

ATT&CK的创建是为了系统地对对手行为进行分类，作为在MITRE的FMX研究环境中进行结构化对手模拟练习的一部分。FMX成立于2010年，提供了一个"真实实验环境"功能，允许研究人员访问MITRE公司网络的生产区域，以部署工具、测试和完善有关如何更好地检测威胁的想法。MITRE开始研究FMX中的数据源和分析过程，以便在"假定失陷"的心态下更快地检测高级持续威胁（APT）。定期进行网络攻防演习，在严格监控的环境中模拟对手，并执行威胁狩猎以根据搜集的数据测试分析假设。目标是通过遥测和行为分析来改进对渗透企业网络的威胁的入侵后检测。成功的主要衡量标准是"我们在检测记录的对手行为方面做得如何？"为了有效地实现这一目标,事实证明，对相关现实世界对手群体中观察到的行为进行分类，并使用该信息在FMX环境中模拟这些对手的受控演习是有用的。攻击者模拟团队（用于场景开发）和防御者团队（用于分析进度测量）都使用了ATT&CK，这使其成为FMX研究的推动力。

第一个ATT&CK模型创建于2013年9月，主要针对Windows企业环境。它通过内部研究和开发进一步完善，随后于2015年5月公开发布，其中包括9种战术下的96种技术。从那时起，基于网络安全社区的贡献，ATT&CK经历了巨大的增长。MITRE已经创建了几个额外的基于ATT&CK的模型，这些模型是在创建第一个ATT&CK的方法基础上创建的。最初的ATT&CK在2017年被扩展到Windows之外，包括Mac和Linux，并被称为ATT&CK for Enterprise。一个名为PREATT&CK的补充模型于2017年发布，专注于"左侧漏洞"行为。ATT&CK for Mobile也于2017年发布，专注于移动特定领域的行为。ATT&CK for Cloud是在2019年发布的，作为企业的一部分，描述针对云环境和服务的行为。ATT&CK for ICS于2020年发布，记录针对工业控制系统的行为。

5.2.2.2　ATT&CK 使用场景

1．对手模拟

通过应用关于特定对手的威胁情报，以及他们如何运作来模拟该威胁，从而评估技术领域的安全。对手模拟的重点是一个组织在其生命周期的所有适用点上验证检测和减轻对手活动的能力。

ATT&CK可以作为一个工具来创建对手模拟场景，以测试和验证对常见对手技术的防御。可以根据ATT&CK中记录的信息构建特定对手群体的档案。防御者和狩猎团队也可以使用这些配置文件来调整和改进防御措施。

2．红队行动

在不使用已知威胁情报的情况下应用对抗性思维进行演习。红队专注于在不被发现的情况下完成行动的最终目标，以显示成功违规的任务或运营影响。

ATT&CK 可用作创建红队计划和组织行动的工具，以避免网络中可能采取的某些防御措施。它还可以用作研究路线图，以开发执行常见防御可能无法检测到的操作的新方法。

3．行为分析开发

通过超越传统的入侵指标（IOC）或恶意活动签名，行为检测分析可用于识别系统或网络中可能不依赖于对手工具和指标的先验知识的潜在恶意活动。它是一种利用对手如何与特定平台交互来识别可疑活动并将其联系在一起的方式，这些活动是不可知的或独立于可能使用的特定工具的。

ATT&CK可用作构建和测试行为分析的工具，以检测环境中的对抗行为。Cyber Analytics Repository（CAR）是分析开发的一个示例，可用作组织基于ATT&CK开发行为分析的起点。

4．防御差距评估

防御差距评估允许组织确定其企业的哪些部分缺乏防御和可见性。这些差距代表潜在攻击向量的盲点，允许攻击者在未被发现或未缓解的情况下访问其网络。

ATT&CK可用作常见的以行为为中心的对手模型，以评估组织企业内现有防御的工具、监控和缓解措施。识别出的差距可用作确定投资优先级以改进安全计划的一种方式。还可以将类似的安全产品与常见的攻击者行为模型进行比较，以确定购买前的覆盖范围。

5．SOC 成熟度评估

安全运营中心（SOC）是许多大中型企业网络的重要组成部分，这些网络持续监控针对网络的主动威胁。了解SOC的成熟度对于确定其有效性很重要。

ATT&CK可用作一种衡量标准，以确定SOC在检测、分析和响应入侵方面的有效性。与防御差距评估类似，SOC成熟度评估的重点是SOC用来检测、了解和应对其网络所面临的不断变化的威胁的过程。

6. 威胁情报丰富化

威胁情报涵盖影响网络安全的网络威胁和威胁行为体群体的知识。它包括有关恶意软件、工具、TTP、技巧、行为和其他与威胁相关的指标的信息。

ATT&CK可用于从行为角度理解和记录对手组的概况，该角度与该组可能使用的工具无关。分析师和防御者可以更好地理解跨多个群体的共同行为，更有效地将防御映射到它们并提出诸如"我对对手群体APT28的防御姿态是什么？"等问题。了解多个组如何使用相同的技术行为，分析人员可以专注于跨越多种威胁类型的有效防御。ATT&CK的结构化格式可以通过对标准指标之外的行为进行分类来增加威胁报告的价值。

5.2.2.3　ATT&CK 模型

ATT&CK的基础是一组技术和子技术，这些技术和子技术代表了对手为实现目标所能采取的行动。这些目标由技术和子技术所属的战术类别表示。这种相对简单的表述在技术层面的足够技术细节和战术层面发生动作的背景之间取得了有用的平衡。

ATT&CK 矩阵

战术、技术、子技术和过程之间的关系可以在ATT&CK矩阵中得到直观体现。ATT&CK矩阵如图5-2所示。

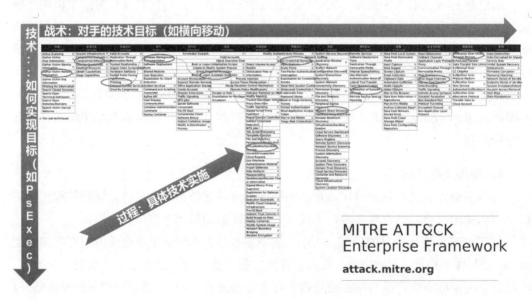

图 5-2　ATT&CK 矩阵

TTP即对手的行为。战术是对此行为的最高级的描述，技术在战术的上下文中提供更详细的行为描述，而过程是在技术的上下文中更低级别、更详细的描述。

（1）战术：对手的技术目标（如横向移动）。

（2）技术：如何实现目标（如PsExec）。

（3）过程：具体技术实施（如使用PsExec实现横向移动的过程）。

例如，如果攻击者要访问的网络中的计算机或资源不在其初始位置，则需借助"横向移动攻击"战术。比较流行的一种技术是将Windows内置的管理共享，C$和ADMIN$，用作远程计算机上的可写目录。实现该技术的过程是利用PsExec工具创建二进制文件，执行命令，将其复制到远端Windows管理共享，然后从该共享处开启服务。另外，即使阻止执行PsExec工具，也不能完全消除Windows管理共享技术的风险。这是因为攻击者会转而使用其他过程，如PowerShell、WMI等工具。

除了矩阵直观表达的"战术"与"技术"概念外，ATT&CK还引入了"组织"（"Group"）和"软件"（"Software"）。ATT&CK作为一种中层模型，攻击技术上下文是其一个很重要的特征，使用攻击技术的组织和攻击技术依托的软件就是这种上下文。组织、软件、技术与战术的关系可以用图5-3来描述。

如图5-3所示，APT28是"组织"，使用了Mimikatz这个"软件"，Mimikatz实现了凭证转储（OS Credential Dumping）这个"技术"，而凭证转储则是凭证访问（Credential Access）这个"战略"下的一个具体技术。

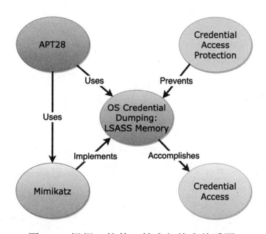

图 5-3　组织、软件、技术与战术关系图

第二部分　威胁情报实战篇

第6章 威胁情报与安全运营

6.1 安全运营威胁情报

6.1.1 甲方视角的安全运营简述

1. 甲方安全运营概述

随着国家对信息安全的推动，我国企业对于信息安全的意识和重视程度也在不断提升。很多优秀的企业对于自身的企业安全也自发提出了越来越多的要求。传统的安全建设往往聚焦于企业安全的某个或某几个环节，并不能兼顾统一运营，或运营成本耗费大量人力物力。不论在效率还是质量上都存在比较明显的短板。

近几年，随着大型互联网企业在企业信息安全的探索，逐渐提出了安全运营的概念。我们从传统的运营类的岗位类比，运营的职责是为了保证最终目标而不断诊断分析、提出需求或问题、推动优化、协调各方资源、完成闭环达成目标的一类工作。而对于企业安全的最终保证需求，也作为安全运营的职责，需要通过安全运营从业者对企业安全的各个环节进行诊断分析、提出要求需求、推进优化、协调资源等最终落地。

当然在当前的大环境下，甲方安全运营工程师往往会遇到各种各样的问题，为了保证企业安全在各环节上最终目标效果，往往要采取很多种方式、方法、产品、服务来实现，甚至有些甲方安全运营工程师会因此主动组织开发一些程序，使得整个环节变得更加可控。从甲方的诉求上，我们可以明显感到对于企业安全保障是甲方最直接最迫切的刚需。

2. 甲方安全运营人员的职责和技能需求

安全运营人员的最重要的是解决问题的能力，在因地制宜规划安全运营体系、诊断企业安全状态、提出问题和需求、推进问题整改、协调各方资源最终实现运营落地闭环等关键节点上的体现尤为重要。因此甲方视角下安全运营人员应具备的技能可能是：

具有信息安全技术背景，对安全建设具有充分的认识和了解，具有信息安全管理经验，具有良好的清晰总结表达能力，能够利用自己的能力解决不同场景的问题。

具备一定的安全服务、开发、运维等相关知识背景，并且对于安全管理方案咨询有一定经验，能够根据不同场景问题提出合理的解决方案。

具有较好的沟通能力，可以在安全工程师、安全开发工程师、业务和研发之间进行良好的协作协调。

具有数据驱动意识，能够利用数据推动优化分析，并能够自主开发相关的工具。

具有较强的责任感，能够为达到目标主动进行各种优化和调整。

3．甲方安全运营的具体内容

基础的安全运营是包括威胁情报、Web漏洞检测、流量监测、终端监测与防护、态势感知等内容，涵盖了企业应对各种网络攻击的措施。

参考国外的安全运营相关的资料，我们进一步还可以概括安全运营就是根据所在公司和安全运营产品的需要，以任意多种方式配置安全运营生态系统的一种流程。其中包含的技术有信息数据搜集技术、安全信息与事件管理工具、工作流和漏洞响应管理与优先级排序、威胁情报与机器学习运营、风险管理治理与企业负面风险评估、工作流程与自动化数据处理等。

在对材料分析的过程中，明显能够看到国外目前在工作流编排、平台集成、威胁及告警中机器学习运用上存在领先的技术，安全运营仍然任重道远。

6.1.2　乙方视角的安全运营简述

1．乙方安全运营概述

在乙方安全的概念逐渐普及，国内安全厂商逐渐从面向安全技术产品研发向面向客户需求靠拢的过程中，乙方安全厂商在面对客户的运营需求的过程中，也提出了很多自己的解决方案。一方面乙方安全厂商具备提供相应服务的基础条件；另一方面根据行业趋势及企业安全成熟度，为了更好地适应市场环境推出相应的产品及服务也是迎合市场发展的需要。乙方安全运营也从一开始的传统安全角度驻场服务，到提供相应安全运营相关平台，再到企业安全运营系列解决方案转变。

从安全运营的关注点上，乙方的视角更多地关注各关键环节防治管控上。乙方的视角安全运营可以根据不同资产所属区域进行相对详尽细致的划分，大致分为强控制区、区域控制、边界防护、暴露面。从支撑体系上又可以大致分为管理体系、技术体系、运营体系。通过对各体系内容的梳理可以更清晰地看出乙方视角中所关注的安全运营各环节的内容重点。

乙方安全运营概述如图6-1所示。

2．乙方安全运营人员的职责和技能需求

根据乙方安全运营服务能力的需求，在红队攻击、企业防御、运营改进优化、安全事件或隐患处置、威胁情报、技术赋能、安全管理等方面都有一定的需求或要求。乙方对安全运营人员的技能要求相对于甲方的要求更为专业。

具有安全运营相关的暴露资产监测、安全防护管控策略、威胁狩猎、应急处置、安全运维等基本能力。

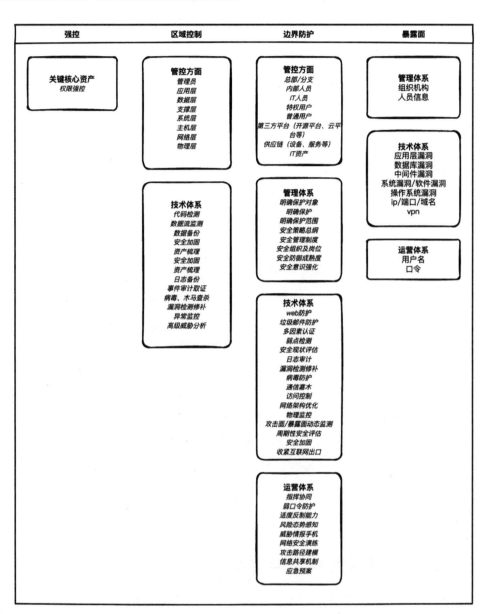

图 6-1 乙方安全运营概述

具有安全响应落地执行能力。

具有一定的软件开发能力，能够参与全周期安全运营工作、建设、开发等服务工作。

具有项目推动能力，对执行、记录、管理、评估、优化、联动等不同成熟度能够独立推动进行。

具有良好的沟通能力，能够辅助跟进分析安全运营环节中的问题，并能够辅助甲方安全运营负责人开展相关工作。

3. 乙方安全运营的具体内容

因此乙方一般将安全运营定义为以资产为核心、以安全事件管理为关键流程、采用安全域划分的思想、建立一套实时的资产风险模型，协助管理员进行事件分析、风险分析、预警管理和应急响应处理的集中安全管理系统。

举例：安恒信息安全运营部门应对相关行业需求提出"96541服务模型"。该模型就是一类针对甲方运营需求的一套能力成熟度能力提升模型。安恒网络安全运营中心如图6-2所示。

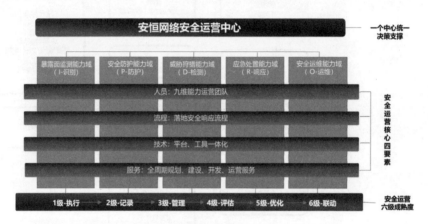

图 6-2　安恒网络安全运营中心

9维能力：红队（突破）、蓝队（防御）、绿队（改进）、青队（处置）、紫队（优化）、暗队（情报）、橙队（赋能）、黄队（建设）、白队（管理）。

6级安全运营成熟度：执行、记录、管理、评估、优化、联动。

5个安全运营能力领域：暴露面监测能力域、安全防护能力域、威胁狩猎能力域、应急处置能力域、安全运营能力域。

4要素：设计、人员、流程、技术。

1个中心：统一决策支撑。

6.1.3　甲方安全运营与乙方的区别

甲方和乙方的安全运营是一种相互补充，相互促进的关系。甲方安全运营为结果负责，更关注解决问题的效果和效率，擅长利用系统的管理方法量化风险、统一管理、建立一套安全运营体系，通过落地优化流程将风险逐步降低。而乙方安全运营更加关注通用性和针对性，不同场景下通用的方案是什么，针对性的问题方案有哪些，并倾向于对风险的治理讲究策略的有效性，通过将乙方优势内容策略化、产品化，最终形成产品或服务辅助甲方进行安全落地。简单地说，就是甲方注重结果效果和效率，乙方注重将自身安全积累通过产品服务形式输出，更注重有效性提升。

实际上从安全运营整体成熟度上看，一个成熟的安全运营需要有一个执行、记录、管理、评估、优化、联动的平台，而这个平台的开发不论是落在甲方自研还是借助乙方开发的平台而运用都是安全运营逐渐走向成熟的过程。但在整个安全运营体系践行和落地的路上我们看到，相对于国外的一些经验仍然有很多精进的点。

6.2 安全运营痛点

下面我们根据安全运营的现实情况，来梳理一下安全运营的痛点问题。

6.2.1 过多的安全设备告警

随着企业安全中安全产品的增多，安全运营工程师所要处理的安全事件告警正逐渐变得越来越多。而由于运营中所使用的产品的质量参差不一，导致产生的告警很多，尤其是在一些运营商或数据中心的场景下，安全事件的每日告警量正变得越来越多。甚至有些安全设备监测到的误报的成功的告警占所有安全事件80%。

在告警过多的情况下，有很多误报的告警没有办法第一时间处理和补救，因此导致安全运营人员在应对安全事件告警上显得力不从心，进而影响到日常运营过程中的工作效率。随着各类安全事件的增多，告警的数量上，我们逐渐增加了内部IP网段标记、威胁情报、风险等级等规则自动过滤来减少过多告警的量。

6.2.2 大规模业务场景

没有适应性的安全运营平台可以直接使用。在很多互联网企业中，由于自身的业务系统相对繁杂，并且大规模的业务数据交互过程中想要做到安全运营，紧紧依靠传统的安全运营来应对是不足以应对其复杂的业务场景。

因此，企业要么采取自研平台的方法，要么使用相对检测功能强大且规则配置相对灵活一些的产品来应对。不论哪种方式都需要一定的成本来维护，但相对来说后者是绝大部分企业的选择。

无论采取自研平台还是购买平台，在有大规模业务场景的系统中，都应对业务系统的逻辑漏洞进行充分分析，并及时针对漏洞进行规则匹配鉴伤定损，这个过程还需要漏洞威胁情报及日常平台分析手段相配合。

6.2.3 告警误报问题

众所周知，浪费时间来判断一个误报的告警事件往往是一件很痛苦的事情。原因可能有两个，一个是安全事件分析的时间成本、人力成本大幅增加，另一个是误报的不仅仅是在判断成功的安全事件，还有在判断不成功的安全事件上由于误报导致漏报。因此，安全运营的过程中通过设备产品的选型、安全设备的策略更新、安全设备的自定义规则库的易用性上，将会是日常安全运营面对。

通常，在安全运营的过程中，针对这种情况往往我们需要针对网络架构、网络拓扑结构有所了解，并能够针对安全设备的基本网络配置准确。同时在针对误报的情况，产品的安全检测规则是否更新及时、策略是否准确也是需要关注的问题。在策略的灵活性上，安全产品是否支持自定义的安全告警，自定义的告警的配置灵活性也决定了安全设备误报的人工维护成本，并且很多场景下，某些业务数据出发误报情况也算属于特有的比较普遍的问题，这也同样需要自定义的相对灵活的告警配置来应对。

而在误报问题中的一个比较容易导致误报的情况就是虚假或失效的威胁情报问题，作为安全产品主要参考的研判指标之一，威胁情报的准确性及产品规则的准确性同样重要。威胁情报的准确性将决定告警的数量和质量。例如，结合本地SIEM自动共享相关优先级威胁情报，做出更准确、高效的安全事件优先级判定。

6.2.4　防御缺口

由于传统企业安全并未将各安全纵深防御产品作为一个整体运营，因此在鉴伤研判、追踪溯源等过程中存在较大的协作困难，往往需要频繁登录切换不同的产品平台查询对比数据分析关联，也因此往往在碎片化的数据分析中出现遗漏，造成防御方面的空白。

本地的威胁情报管理系统，在应对这一部分安全运营环节时可以扮演不同技术关联及关键数据关联的线索，在适当的环节共享或调用情报数据，起到协同分析研判的作用。当然我们还可以通过工作流的设计，按照级别设置自动化的应对措施，在触发时自动进行应对，来积极主动应对。

6.2.5　知识协同问题

除了安全产品外，安全团队的情报无法共享也导致无法第一时间与团队并行处理调查，这些调查工作往往相互隔离但又相互关联，一些关于对手的战术、技术和过程等调查记录应第一时间可以和团队共享。

6.2.6　混乱的环境

混乱的环境表现在，当需要采取行动的时候，各团队并未相互协作，并且效率低下，缺少一个团队之间互相协调监控任务时间表和结果的管理平台。例如，威胁监测分析人员、安全运营中心和事件应急团队人员之间应该可以协同工作，缩短应急响应和补救时间。

6.3　安全运营中威胁情报的作用

正如上一小节提到的，在安全运营的过程中存在告警问题、业务漏洞问题、误报问题、防护缺口问题、知识协同及团队协同问题。所有的环节都涉及一个必要不充分的因素那就是威胁情报。很多安全厂商并不自建威胁情报，因为短期并不会看出有什么样的效益，但实际上为了战略性的目标，乙方建立一个可靠的威胁情报库非常有必要。

威胁情报能够协助我们对于威胁做出判断，让我们了解安全威胁信息，如网络攻击者、攻击方式、漏洞、目标等；它针对安全威胁、攻击者、利用、恶意软件、漏洞和危害标准，搜集的用于评估和应用的数据集。威胁情报在安全运营的各个环节都有应用。尤其是协助判定误报问题、减少告警上非常有用，通过威胁情报管理平台还可以将业务系统威胁、知识协作问题、团队协作问题解决，同时应对防御缺口。

举个例子，在安全运营中我们针对某一原始日志进行分析的过程中，面对一大堆原始IP登录记录，将其与风险数据关联很困难，通过威胁情报则可以联动丰富的威胁情报数据，将其与告警信息关联起来，告警信息上下文时间与原始日志中的IP就可以通过关联，进而筛选出有用的线索信息。

6.4　SecOps 中威胁情报分类的应用

威胁情报在企业安全整个流程中起着重要的作用，很多时候单纯地依靠几个安全产品的能力并不能完全实现安全运营的主要作用，我们在分析研判告警的环节需要借助准确的威胁情报管理体系来应对大量的告警分析研判需求。因此我们需要针对本地威胁、威胁情报、威胁情报管理、威胁情报人员培养建立一个威胁情报生命周期的体系。

在整个威胁情报的生命周期中大致按照情报能力体系又划分成了四个部分，也就是"人+数据+平台"的建设体系：

- 威胁情报数据。
- 情报生产工具。
- 情报管理平台。
- 安全运营团队。

这里的数据既包含了内部的诸如流量、日志、安全设备告警，也包含了外部你的IOC、风控情报、第三方情报等外部数据。为了提高运营效率，威胁情报平台还应该采集端、生产端和发送端分别提高相应的人工烦琐的流程环节，而采用相对自动的数据处理、情报修饰、加权分析和聚合等操作。

这里我们可以借助互联网大厂的运营方案作为参考，在对威胁情报数据分类的应用上可以大致分为四个部分：

- 情报策略定制。
- 情报采集与分析。
- 情报交付与运营。
- 案例学习和工作计划。

6.4.1　情报策略定制

威胁情报是一个规划导向的安全能力，并且威胁情报计划是一个可以高度细化的可操作的计划，因此这里在落地的时候应该着重威胁情报的规划和定制工作。情报的策略和定制，围绕着漏洞隐患、安全事件、第三方威胁情报、本地威胁情报等展开。明确需要落地的基本环节有：

- 确定评价指标。
- 确定运营策略。
- 效果持续运营。
- 情报接入需求。
- 情报输出规范。

6.4.2　情报采集与分析

情报采集和分析工作是情报数据应用中技术要求最高的一部分，情报数据采集和分析这一环节的主要工作是数据完整性确认、情报数据预处理、分析建模、精加工和修饰调整。而在数据处理阶段还可以引入机器学习的分类方法，大致需要落地的工作内容有：

- 数据完整可用。
- 情报分析建模。
- 最终效果。
- 修饰与调整。
- 机器学习。

6.4.3　情报交付与运营

在威胁情报成品的交付和运营过程中，根据翔实且可执行的威胁情报计划，按部就班按照计划执行即可，这里需要考察威胁情报的准确性和闭环成工单的数量，威胁情报运营手段与其他的安全运营手段相比没有什么特殊之处，需要落地的工作内容有：

- 闭环处置方式。
- 运营数据积累。
- 关注有效情报。
- 交互标准化。
- 安全设备联动。

6.4.4　案例学习与工作计划

完成闭环的最后一个环节运营结果的复盘和总结，这部分主要是为了解决情报反馈出来的问题，也是情报产生实际价值的时候，大致需要落地的工作内容有：

- 完善情报质量。
- 找到问题根源。
- 解决问题。
- 安全专项。
- 改进安全规划。

第 7 章　威胁情报与攻击检测

7.1　战术威胁情报

在这一节我们就攻击相关的威胁情报和攻击检测的几个方面进行有针对性的展开。尤其是在大数据、物联网、云安全等复杂多样的日常工作场景中，我们除了在安全运营、安全产品、安全管理等方面对企业网络安全的各环节进行落地和形成闭环，还应在整个环节中重视人员的重要性，注重黑色、灰色产业（简称黑灰产）情报搜集分析等。

7.1.1　威胁分析人员的作用

威胁情报的概念及分类

威胁情报旨在为面临威胁的资产主体提供全面的、准确的、与其相关的、并且能够执行和决策的知识和信息。根据目标不同，威胁情报还可以细分为以下类型。

战略威胁情报，提供一个全局视角看待威胁环境和业务问题，它的目的是告知执行董事会和高层人员的决策。战略威胁情报通常不涉及技术性情报，主要涵盖诸如网络攻击活动的财务影响、攻击趋势，以及可能影响高层商业决策的领域。

运营威胁情报，与具体的、即将发生的预计发生的攻击有关。它帮助高级安全人员预测何时何地会发生攻击，并进行针对性的防御。

战术威胁情报，关注于攻击者TTP，其与针对特定行业或地理区域范围的攻击者使用的特定攻击向量有关。并且由类似应急响应人员确保面对此类威胁攻击准备好响应的应急响应和行动策略。

技术威胁情报，主要是失陷标识，可以自动识别和阻断恶意攻击行为。

战术威胁情报

而我们这里所要讨论的更多的战术威胁情报的内容，运营威胁情报可以在前面全运营与威胁情报中看到，根据企业的关注点，运营的威胁情报除了在自身业务系统和安全告警之间进行优化之外，还专注业务误报的优化和识别，并且希望通过优化能够根据自动化的评级评分权值设定，从海量的业务流量信息中筛选出最重要、最准确、最及时的安全事件告警。

作为重要补充，我们还应注意到，在现实情况下，仅仅依靠运营中的威胁情报、技术类安全设备识别的威胁情报来实施运营，还会遇到各种各样新型的安全事件、安全隐患、攻击手段。那么在运营和技术产品不具备一定的应对和发现能力的情况下，企业只剩下人工分析判断此类问题并进行风险识别、评估、总结，也因此威胁分析人员往往能在企业安全风险危机中起着重要作用。

在日常工作中战术威胁情报分析人员一般还应针对攻击者的关键信息（TTP）进行一定的分析，并确保在未来面对此类威胁攻击的时候能够做好应急响应和充分的行动策略。

了解对手

威胁分析人员不能只专注于检测和响应环境中已存在的威胁。还应该通过搜集互联网犯罪团伙、APT组织、黑客团伙，以及其他各类攻击的组织的威胁情报来预测预警攻击，并及时对相关风险做好充分的准备。

根据《Verizon 2020数据泄露调查报告》将55%的已证实的泄密行为归因于有组织犯罪。在众多的APT分析报告中我们也可以看到，很多APT组织不仅仅针对单一目标实施攻击，同时也常常会攻击不同的目标，这些目标或因攻击者的攻击目的相同而被攻击，有的攻击者目的是黑灰产、有的是勒索、有的是国家间的政治目的、有的是竞争对手恶意打击。

威胁分析人员通过威胁情报平台，分享威胁情报，促进威胁情报传播，不仅仅可以促进威胁情报标识，还可以更加及时将威胁情报及时更新纠正。

7.1.2 黑灰产情报搜集

1. 网络犯罪团伙概述

网络犯罪集团（OCG，an Organized Criminal Group）从事网络犯罪行为，其成员往往在现实生活中也有很紧密的联系，往往他们也是群体中比较受人欢迎受人尊敬的成员。他们并不认为自己是犯罪集团的人，很多网络犯罪集团的成员仅仅只是其中的一个节点，由于各有分工上下节点往往并不清楚确定身份，往往也给监管过程中追踪溯源造成了很大的麻烦。

威胁分析人员在日常分析的过程中，运用各类工具、攻防、社工等技术在分析过程中确定攻击者所属的组织、团伙。并且经常网络犯罪攻击会发现背后存在某一犯罪团伙的线索，这种情况下很难追溯到某个犯罪人员，攻击者往往具备较强的反侦察能力，在进行攻击的过程中也相对谨慎。

2. 对黑灰产的敏感信息监测

如今随着网络犯罪产品和服务的集成化，所有这些实施网络犯罪的技术和工具都可以在地下犯罪社区和暗网中可以购买到。网络罪犯、黑客及他们的同伙可以通过信息交换、交易买卖在深网中，从事非法的活动。而在这些交易中就存在大量与企业自身相关的风险情报、威胁情报等信息。因此企业有必要具备一定的黑市信息搜集的能力，来应对在黑市中传播的与企业密切相关的隐患、数据泄露等情报信息。企业在组织响应的情报监测和侦察能力能够使得团队能够预测和击败一些网络攻击。

7.1.3　攻击特征搜集

1．对关联暗网中攻击者相关威胁情报

从黑市网站中手机威胁情报是了解攻击者的动机、方法及战术的一个重要途径。特别是情报能够和本地的威胁感知相结合关联时。通过各类威胁信息，上下文威胁情报的汇聚分析，在不同的信息片段中通过相关线索进行穿插连接。我们可以了解到某个安全事件的相对全面的发展过程。从而可以得到攻击者的关键信息。

例如，通过对样本的攻击特征的搜集汇总，得到最新的攻击样本的关键情报。该情报可以证明属于某组织的样本。有报道称黑市中曾经有恶意软件开发出售，就是和这次样本存在相关关系。我们在安全响应的过程中对次攻击分析情报进行特征提取、规则编写部署、全企业内部排查，就可以实现提前预警、响应、遏制。

2．对攻击者特征进行搜集

通过刚才的例子我们实际上可以看到，当检测到威胁迹象的时候，SecOps小组就可以立即采取措施保护目标资产。也可以通过威胁分析对攻击者所使用的样本特征、对攻击路径进行分析和补充，从而更全面地清除阻断攻击路径，防止相关类似的安全事件。

例如，威胁分析人员将样本分析完毕，并将样本回连域名、IP、样本特征与组织特征关联，并确定某组织行为后。安全团队根据该组织的相关特征进行广泛关联扩展，并往往还可以从攻击中发现更多攻击痕迹、流量特征、恶行为特点。并且还有可能在邮件登录、某些账户的登录信息中发现相关特征，从而定位攻击路径。因此响应团队通过攻击特征的搜集，并逐一进行清理，清理钓鱼邮件、受影响的系统、隔离邮件、强制修改被泄露账户的密码等其他措施，遏制攻击者的利用链，从而实现预警、情报关联、响应、遏制。

3．主动威胁搜索

某些安全软件是基于启发式的，这种方式发现的告警往往是恶意软件已经在终端扩散或者终端已经开始爆发触发了告警导致的。而很多企业希望能够提前或者在发现了告警之后第一时间主动探测寻找恶意样本相关的样本，从而达到在恶意软件扩散爆发之前主动在潜在的机器中阻断攻击者实施攻击。

威胁狩猎的概念就是威胁分析人员在网络节点中根据特征，通过编写特定的检测规则在海量流量、告警、样本等数据中搜索可疑的匹配特征的样本。威胁情报的解决方案及时地提供了攻击组织的相关技术和工具的威胁情报，这些威胁情报能够让安全团队在海量企业安全数据中进行捕获、分析风险，从而提高企业在安全事件响应的效率和质量。

4．反诈类告警

自从电子支付成为家庭生活的一部分，犯罪分子一直不断地寻找通过现有手段绕过现有安全手段，从而从普通使用者账户中获利的方法。也出现了很多应运而生的网络欺

诈、网络诈骗的套路。

在线业务和交易公司往往成为欺诈类犯罪组织的攻击目标，通过钓鱼、电话诈骗、社工信息搜集、生物信息仿冒、PUA等各类方式引诱受害者上当并对其实施各类诈骗，从而从中获利。而一旦诈骗者得手，就会立刻切断一切与受害者的联系并清理虚拟身份，使得自身无法被追溯追查。

使用有效的监控加上威胁情报标记关联，我们很容易将诈骗者使用的手机号、IP地址诈骗者使用的银行卡、诈骗者使用的身份证、暗网中售卖的银行卡号、暗网中售卖的身份证号等信息进行关联和标记，在进行预警的过程中提供相关的预警信息。通过识别相关的身份信息及行为特征，能够确定是否存在非法攻击行为或者可以的登录行为。然后分析人员通过和安全团队协作，及时对诈骗者的攻击行为进行封堵，对相关账号进行风险提示并及时要求其修改密码等措施。从而及时纠正相关安全隐患，增强了对系统的监视和安全管理，从而阻止了行动中的诈骗攻击行为。

7.2 攻击检测

7.2.1 风险评估模型的价值

建立风险模型是威胁分析人员的一个关键能力，成熟的风险模型可以指导管理人员为降低风险制定最低成本策略。然而目前市面上的一些风险模型都有以下两种情况：

（1）模糊、不量化的输出。

（2）基于部分信息做出结论。

一个非量化的输出是不可行的，基于错误输入的模型会导致"垃圾输入，垃圾输出：为了避免这种问题，实际上需要威胁情报信息接入，针对风险模型进行良好的设计，对大量有效信息进行分析。

网络安全风险评估不应仅基于为了证明符合法规而定义的标准，通过标准我们能够尽可能避免这些问题。

7.2.2 风险数据搜集

风险模型

风险模型为"发生可能性乘以影响等于预期成本"。

信息风险因素分析（FAIR）是最流行的定量网络安全风险评估模型之一。它提供了一个分类的框架，将网络安全风险分类为一组可以量化的风险因素。FAIR提供了一种框架，该框架可以将网络安全风险分类为一组可以定量的风险因素，将其与定量算法相结合，以一种蒙特卡洛（MC）模拟与统计近似技术相结合的形式进行网络安全风险评估。

模型开发的两种模型

模型开发分为归纳建模方法和演绎法。归纳建模一般可以用于首次对FAIR模型开发，大量良好的数据进行整理；另一种模型为演绎法，根据经验、逻辑和批判性思维来判断模型元素机器之间的关系。

FAIR 模型

FAIR（Factor Analysis of Information Risk 信息风险因素分析）模型是最流行的定量网络安全风险评估模型之一。为了减轻和预防风险，需要在网络风险评估的过程中确定风险优先级，分配有限的资源以缓解风险并做出进一步的防御决策。除了确定优先次序、优化资源利用、评估周期的连续性、必要时需要求专家帮助，FAIR模型还根据利用分类法和统计技术进行定量风险评估。

FAIR模型如图7-1所示。

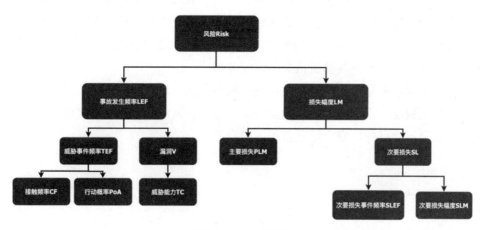

图 7-1　FAIR 模型

在对攻击检测和评估的过程中我们针对事故发生频率LEF、威胁事件频率TEF、漏洞V相关的评估的过程中都需要对攻击进行相应的检测分析。

LEF

LEF是在给定的时间范围内，遭受来自威胁受到损失的频率。这里提到的损失的事件包括：环境客观因素、系统硬件遭受的损坏、偶然发生的意外事件、黑客攻击造成的安全风险等。

TEF

TEF是在给定的时间范围内，威胁事件的频率。也就是造成安全风险的安全事件的频率。在信息安全的角度，威胁事件可能是针对系统可用性的、可能是针对互联网应用服务的、可能是针对应用业务逻辑的、可能是针对云业务的、也可能是针对物联网的，甚至是针对机器学习、供应链、企业相关的人员及相关企业资产的。

V

V是指威胁具体行为导致损失的可能性。也就是例如，10%的概率被弱口令漏洞利用、4%的概率被命令执行漏洞利用、40%概率被社工钓鱼等。

根据FAIR模型所关注和定义的内容，规划安全检测所应当具备的一些能力、范围，并应该有所量化。这样我们得到了可以量化的风险指标。风险指标根据企业威胁情报与安全运营相结合即可得到我们需要明确定义的风险指标细节。在此基础上我们就可以进一步对攻击进行检测，并按照一定的风险评估量化体系进行评估，根据威胁情报信息整合标准进行统一整合处理。

7.2.3　攻击检测能够预测攻击概率和攻击成本

在对攻击检测进行预测，以及对遭受的损失进行评估的基础上，根据攻击发生概率预测和定损预估我们就可以在进一步针对企业对于成本需求的情况进行评估和把控。通过对攻击的检测或风险评估过程，将事件概率与攻击成本进行评估，从而更好地为组织在成本评估上作为参考。例如，在相同规模、相同行业的组织进行类似攻击的成本分析；攻击发生后需要修复系统及其所需要的修复类型。

企业安全运营根据攻击检测、攻击发生概率预测、攻击成本评估综合考虑，最终根据企业可接受程度、企业成本、企业业务需求等综合考虑，最终将通过运营的手段最终汇聚实现安全风险可控，安全运营落地。

第8章 威胁情报与事件响应

本章我们关注安全事件的响应问题，从应急响应的概念开始，为了探究威胁情报与安全事件的响应，我们先分析应急响应中面临的挑战和问题，为了减少应急响应时间我们有哪些可以优化，看看威胁情报在事件响应的过程中起到的作用，最后我们来看看运营中情报应急响应的应用有哪些。

8.1 事件响应的概念

1. 应急响应的基本概念

应急响应，其英文是Incident Response或Emergency Response，通常是指一个组织为了应对各种意外事件的发生所做的准备，以及在事件发生后所采取的措施。其目的是减少突发事件造成的损失，包括人民群众的生命、财产损失，国家和企业的经济损失，以及相应的社会不良影响等。

2. 网络安全应急响应的概念

网络安全和信息化作为国家战略内容之一，是我国建立网络强国的核心，也是社会稳定发展的基本前提。

网络安全是指网络系统的硬件、软件及其系统中的数据受到保护，不因偶然的或者恶意的原因而遭到破坏、更改、泄露，保证系统连续、可靠、正常运行，网络服务不中断。网络安全应急响应是指针对已经发生或可能发生的安全事件进行监控、分析、协调、处理、保护资产安全。网络安全应急响应主要是为了人们对网络安全有所认识、有所准备，以便在遇到突发网络安全事件时做到有序应对、妥善处理。

3. 企业网络安全应急响应的概念

在实践信息安全应急响应的过程中，我们注意到，相对于传统的网络安全应急响应的概念，在企业网络安全应急响应的过程中，针对安全事件的后续应对处置，除了传统的监控、分析、协调、处理、保护资产安全之外，还应该注意攻击溯源、取证举证内容，尤其涉及重大金额信息安全事件的情况下，企业在配合案件侦破的时候，往往后知后觉未注意证据固定导致对于事件的响应整体效率上受到一定的影响。

因此，我们将企业网络安全应急响应扩展定义为：为了应对事前、事中、事后的安全事件所进行的监控、分析、协调、处理、溯源、举证，以及为了保护资产安全采取的各项措施。

8.2 事件应急面临的挑战

1．大量不准确的安全事件告警梳理排查

企业在日常运营中，随着用户数量、业务量增长，业务系统也是越来越复杂，大量的访问日志、庞大的代码仓库、IDC资产、大量的开源组件构成的业务系统，潜伏着大量的安全威胁。而随着相应的安全设备部署增多，产生的告警也非常多，并且告警有一部分是完全无效或者不可运营的。而应急响应需要在大量事件告警中筛查，其效果也受到告警的准确性所影响。安全运营团队在应对这些告警的时候，承受巨大的心理压力和负担去处理，最后落地发现是个误报或者无意义的告警，导致无效响应，一旦这时候被其他攻击者入侵，很容易陷入被动导致整条防线丢失。

2．很多攻击出现在业务系统逻辑隐患上

在响应中很多时候会发现攻击出现在业务逻辑中，这时候往往需要业务协同支撑，或通过内建的威胁情报系统了解该业务系统的逻辑隐患问题历史，才可以有效处置。更常见的情况是，应急团队发现了问题点，但是由于处于复杂的业务逻辑中的一环表象有问题，在判断整个漏洞问题上，需要花费时间研究业务内容，才能更好地还原攻击路径，这会导致响应时间增加。

3．攻防能力不对称造成技术壁垒

事件响应不是入门级的安全能力，包含了大量的技术，如静态、动态恶意软件分析，逆向工程和数字取证。需要有经验的分析师，并且能够在压力下进行复杂的操作。还需要具备脚本开发能力，在应对特殊场景必要情况下，需要准备临时脚本应对问题。除此之外，对于对手技术的了解程度也决定了响应中事件处理的速度。根据ISSA-ESG报道70%的组织受到网络安全专业人员短缺的负面影响。

4．支离破碎的问题

很多企业都有自己的安全团队，随着网络风险的增加，很多管理者只增加了安全技术和进程，但都只针对特定的需求进行处理，没有战略性的统筹设计。使得应急小组需要花很多时间聚合来自各种技术的数据、上下文及威胁情报。增加了应急响应时常和出错的概率。

5．真正出现重大入侵并遭受损失后举证困难，应急团队缺乏举证知识

很多真正遭受了重大入侵并蒙受巨额损失的企业，往往除了安全运营体系建立的不完善之外，在应急响应的过程中团队往往在应对问题溯源和分析上出现问题，更何况在取证和证据固定上缺乏专业性的应对措施，往往只能依赖警方技术团队能力协助在问题

溯源和分析、调查取证上，最后往往还会因各种业务逻辑问题、协调安全告警、威胁情报分析等上面浪费大量的人力物力时间，增加了事后响应时间。使得企业损失往往面临无法及时采取有效措施遏制。

8.3 减少事件响应

为了减少应急响应时间，应急响应小组必须提前做好三种准备，分别针对事前、事中和事后。

8.3.1 未雨绸缪事前准备

为了应对可能出现的各类安全事件，应急响应小组应采取必要的干预措施予以预防，不限于识别威胁的有效性、开展风险评估、指定安全计划、安全意识培训、安全公告进行预警、准备应急响应预案、定期开展应急演练。

1．企业应急响应能力要素

主要包括以下方面：

（1）数据采集、存储和检索能力。

能对全流量数据协议进行数据采集分析。

能对全流量分析数据进行一段时间内的保留。

能够对海量的数分析数据进行存储并能进行快速检索、规则统计等。

（2）事件发现能力。

能够发现APT组织的特征。

能够对Web攻击行为进行监测发现。

能够发现数据泄露情况。

能够发现失陷主机情况。

能够发现弱密码及企业通用密码。

能够发现主机异常行为。

（3）事件分析能力。

能够进行多设备多关键数据维度关联分析。

能够根据一些模型进行攻击利用链进行还原。

能够结合业务及系统的实际情况进行问题源头定位分析。

（4）时间研判能力。

能够确定攻击者的动机和目的。

能够确定安全事件的影响面及影响范围。

能够确定攻击者的攻击手段攻击特征等内容。

（5）事件处置能力。

第一时间恢复业务系统主备切换等。

能够发现病毒、木马并进行处置。

能够对攻击者使用的漏洞进行处置修复。

能够根据具体情景进行专项的安全加固。

能够根据一定的司法取证的基本要求进行一定的证据固定。

（6）攻击溯源能力。

具备企业内安全事件感知能力，综合日志大数据分析等。

根据已有的线索对攻击者的攻击路径、攻击手法及背后的组织进行分析还原。

具备一定的攻击者画像描述能力。

2．识别威胁的有效性

在应急响应的准备阶段，我们可以通过对一些威胁监测的有效性进行一定的复查或者主动测试，从而对本地威胁监测当前情况进行一定的评估和掌握。这里根据相对完整的安全运营的环境来说，应该有以下一些威胁内容有效性的评估。

边界/内网区域的流量监测设备的威胁有效性评估。

终端防护产品有效性评估。

硬件防火墙有效性评估。

邮箱、SSO、VPN等威胁告警有效性评估。

所有安全产品、网络设备、系统等日志留存有效性评估。

3．应急响应计划

应急响应预案的主要内容包括：

需要保护的资产。

所保护资产的优先级。

事件响应的等级评估标准。

事件响应处置目标。

事件处置小组的组织架构及上报工作流程。

事件处理的具体步骤及注意事项，明确小组成员责任归属。

事件处置完成的存档和上报方式。

事件响应后期维护方式。

事件响应计划的模拟演练计划。

4．识别应对可能的威胁

针对可能的风险，应急响应团队根据威胁情报提前识别威胁风险，针对风险组织和推进针对性的研究、开发相对应的识别策略、进行充分的安全加固。

5．针对安全事件创建优先级

因为安全事件的机动响应团队有限，因此针对安全事件应按照优先级合理地安排资源，将资源安排到对组织最大风险风向上，并进行防御部署，同时不断地优化威胁情报，协助识别风险从而，降低安全事件反应时间。

8.3.2　闻风而动事中遏制

对于识别出的具有攻击行为特征的攻击者，或者具有恶意行为未果的攻击者应及时采取相应的遏制措施，以防止其进一步进行系统攻击和破坏，不限于以下内容：对威胁进行优先级进行判断、对恶意攻击者识别/对恶意行为未果的攻击进行及时遏制、布局蜜罐等诱敌深入拖延敌人、针对性风险排查。

对于监测中发现的攻击未果行为采取拉黑、封禁、加强监测等进行遏制限制；对于猜罐的攻击者可以及时对其攻击特征进行分析溯源，总结威胁情报并及时同步威胁情报运营，同步到企业威胁情报中心，并采取相应的安全加固或遏制措施进行限制；对于恶意邮件及时进行分析并分析攻击者威胁情报、攻击目的等，并进行相应的遏制措施进行处理。

8.3.3　亡羊补牢时候处置

如果很不幸地，攻击者已经成功攻入系统，那我们应立即按照预案的内容开始执行预定安排计划，其中相关操作不限于：采取紧急措施、进行系统备份、病毒监测、后门检测、清除病毒和后门、隔离、系统恢复、调查与追踪溯源、入侵调查取证等。

PDCERF 方法

PDCERF方法最早于1987年提出，它将应急响应流程分为准备阶段、检测阶段、抑制阶段、根除阶段、恢复阶段、总结阶段。PDCERF方法并不是唯一的应急方法，但是是目前适用性较强的应急通用方法。

其中，根除阶段主要通过事件分析问题根源并彻底根除问题，以免攻击者使用相同的攻击手段进行攻击。还应该同时加强宣传、呼吁大家重视终端问题，加强监测，及时发现和清理问题。

恢复阶段主要任务是将业务系统恢复到正常状态。从可信的备份介质中恢复用户数据，主备服务切换、恢复系统和应用、恢复网络连接，验证业务系统及业务系统。密切关注扫描、探测等可能预示着攻击者再次尝试入侵的趋势。

总结阶段主要任务是回顾整个应急响应过程中的相关信息，进行事后分析总结和修订安全计划、政策、程序、并进行训练，防止入侵再次发生。给予入侵的严重性和影响，可以判断是否需要进行新风险分析，给系统和网络资产制作一个新的项目目录清单。形成最终报告；检查应急过程中存在的问题，重新评估和修改事件响应过程；评估应急过程中是否有可疑改进的流程，及时更新并促进日后是世界的过程资产。

8.4 通过威胁情报加强事件反应

在整个应急响应的过程中，除了技术分析能力之外，我们可以发现，还可以尝试通过企业内部威胁情报中心，对于内部运营威胁情报及外部威胁情报分析，情报共享对应急响应分析进行辅助。

威胁情报中心的情报分析，一定程度上可以降低对应急响应小组的需求，解决很多我们面临的问题。这对于威胁情报中心提出了新的要求：

能够自动识别和消除假阳性的安全事件告警。

能够通过实时上下文分析综合汇集外网情报、内部运营情报及暗网情报。

能够搜集比较内部和外部来源数据，识别真正的威胁。

能够根据组织的特定需求和基础结构，对威胁进行评级记录，供其他兄弟团队参考。

从这里我们也可以看到，威胁情报中心在应急响应的过程中为应急工作提供了更好地了解风险的方式，同时能够更好地协助识别威胁风险，缩短应急响应的时间。

8.5 SecOps 中的情报应急响应应用

下面我们通过安全运营中我们常见的情报驱动的事件响应的典型案例来了解一些具体的应用场景。

1. 事前威胁情报与事件响应协同研究工作

由于很多事件的响应都是临时的，大部分的工作都是在安全事件爆发之后开始执行的，这种被动的响应，实际上不利于减少应急响应的时间。在情报中心我们可以尝试提前开始准备一些威胁情报的深度研究。例如，针对最新的威胁情报创建相对全面的威胁情报图谱；梳理流行的攻击者，并搜集其相关的攻击者画像相关指标；针对重点行业和地区的威胁攻击趋势分析统计。对于事件反应的提前准备操作可以是威胁情报和事件反应小组共同参与，通过维护最常见的事件和威胁的分析流程，提高对于事件的主动发现、分类、响应，可以极大地提高行动的一致性和可靠性。

2. 事中和事后威胁范围和相关事件判断

当事件发生后，事件响应分析人员必须快速根据下面三个要素进行判断：

发生了什么事？

这一事件对组织意味着什么？

采取哪些行动？

对这些因素必须尽快、高精准地进行分析，而威胁情报则在此过程中发挥着最重要的作用：

通过威胁情报中心运营，自动排除假告警，使团队只需要关注真正的安全事件。

通过丰富的告警、风险、隐患等不同来源的威胁情报汇总关联，让我们能够更加容易地确定威胁的背景情况、攻击行为、攻击者画像等。

通过详细的攻击威胁背景、攻击行为等攻击者画像内容，使响应团队能够快速进行有效的遏制和补救决定。

3．监测数据泄露尽早采取措施阻断

在暗网中往往存在很多销售各类企业相关各类风险相关信息数据，如企业风险数据、企业数据泄露数据、企业舆论数据等。对于暗网相关数据监控，并第一时间进行排查、核实、遏制干预、隐患排查、风险管控等应对措施，可以最大程度减少对企业的负面影响，能够让企业尽快了解事件，以及被入侵情况。

威胁情报运营的半途而废导致事件响应可能遭受更大的负担。

由于威胁情报的运营是一块集中各类告警资源的、集合内外威胁信息的、具有综合威胁分析的一类情报综合运营分析体系。一些企业组织选择了非常不负责的、简单的解决方案，例如，使用免费的威胁情报源进行比对，认为这样可以减少前期的成本。虽然这种情报也能够为事件响应提供一些可操作的情况，但通常这些情报会迫使分析人员艰难地分析大量误报和无关的告警。为了充分解决此问题，威胁情报能力必须是全面的、相关的、从上下告警中可溯源的、集成的、有事实依据的情报组成。

4．应急中威胁情报的基本特征

应急响应服务团队和安全运营团队的角色和职责是类似的。一旦发现可疑安全事件，应该与其他安全团队合作，以减轻攻击影响以及攻击威胁。应急响应团队的作用就像是在生活中应急响应的警察110电话一样。

鉴伤职能，确定每个传入报警的相关性和紧迫性，确定警报是否合法并判断是否升级。

现场勘查职能，确定事件的范围，识别受影响和脆弱的系统，建议控制效果的操作。

审查职能，确定防御的根本原因和弱点。建议预防复发的措施。

对于事件响应来说威胁情报的基本特征：

5．全面性

对事件响应团队具有价值的情报，必须通过技术尽可能广泛地自动汇集来自开源资源、内部运营资源、暗网等综合情报，以确保不会有任何重要内容遗漏。否则事件响应人员将要花费大量的时间进行相关情报搜集对比工作，极其浪费时间。

6．相关性

在识别和控制事件时，不可避免地会遇到误报。但情报中心的情报使得事件响应团队能够快速识别和清除这些来自安全设备或者安全技术的误报。这里有两类误报情况：一种是与组织相关但不准确或没有帮助的警报；另一种是准确或有用但与组织无关的警

报。两种类型的威胁情报都有可能浪费响应分析师的事件。目前，先进的威胁？安全？情报产品使用强大的算法和分析过程来自动识别和排除误报，并将分析师的注意力吸引到最重要的情报上。

7. 更符合实际

并不是所有的威胁情报的权值对于事件响应分析师是相通的。这些情报一般会分出重要、严重程度来区分。这就是上下关联分析的重要性，它提供了哪些警报最有可能对组织产生影响的关键线索，一般包括：

（1）在不同的告警设备中发现相同类型的告警，或者与最近的攻击相关。

（2）确定线索与已知的在行业内活跃的威胁攻击者有关。

（3）线索能够显示告警发生的与攻击相关的事件前后一段时间的攻击告警情况。

目前，根据大数据分析和算法，能够同时汇聚多个来源的安全情报，并能确定哪些警报对特定组织最重要。

8. 集成

威胁情报产品最关键的特征之一是能够广泛地汇聚不同的情报数据，通过集成安全设备告警情况，它能够：

- 确定告警是否为假阳。
- 根据告警的重要性进行打分。
- 有效的集成消除了分析师手动对每个告警和威胁情报比较。

更重要的是集成和自动化过程能够过滤掉大量的误报，而无须人工分析人员进行任何检查。对于事件响应团队来说，节省时间和避免失败是威胁情报的最大好处。

第 9 章 威胁情报与威胁狩猎

威胁狩猎（Threat Hunting）一词是网络安全领域的一个新兴术语，近几年出现了很多代表性的厂商提供相关服务。例如，安恒信息托管检测和响应服务、Mandiant托管检测和响应服务，还有专注该领域后被Amazon收购的安全厂商Sqrrl。

9.1 威胁狩猎的起源

威胁狩猎（Threat Hunting）源于狩猎（Hunting）。

狩猎（Hunting）作为网络安全术语的含义是：

● 狩猎（Hunting）意味着利用现有红队/蓝队，以及通信安全监控的基础架构，非常有计划和持续地搜索攻击者，同时还会运用情报信息来指导搜索。
● 狩猎（Hunting）任务的一种方式是情报驱动。

9.2 威胁狩猎的定义

什么是威胁狩猎？很多人给出了定义。本节介绍世界上一些安全行业的领军人物和知名安全厂商、安全机构对威胁狩猎给出的定义。

9.2.1 知名第三方的定义

1. Richard Bejtlich（网络安全厂商 Corelight 的首席安全战略官）

Threat Hunting仅是一种检测形式。2011年，时任GE-CERT（M国通用电气事件响应团队）总监的Richard在信息安全杂志*Information Security Magazine*上发表了*Become a Hunter*一文，其中提到：为了更好地对抗定向网络攻击，需要一种主动检测和响应入侵者的创新思考和方法，即"Threat Hunting"。具体来说，Threat Hunting是"IOC-free"的分析方法，CIRT团队中的资深分析师发现了一种可能检测到入侵者的新颖方法，然后通过数据和系统寻找敌人的迹象。一旦验证了该项检测技术，CIRT团队就会将新的检测方法纳入安全运营中心供安全分析师使用的可重复流程中。Threat Hunting是一个过程，即开发新的方法、进行在野测试并实施。

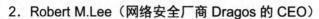
2．Robert M.Lee（网络安全厂商 Dragos 的 CEO）

（1）Hunting是一种主动的、迭代的威胁检测方法（以SANS滑动标尺模型来看，Hunting是落到主动防御阶段）。

（2）Hunting是一种基于假设并需要进行验证和测试的，用于寻找新的威胁的可迭代安全分析方法。

Sqrrl Data（网络安全初创厂商，后被Amazon收购）

威胁狩猎是指主动和迭代地搜索网络和数据集以检测逃避现有安全解决方案的威胁。它包括使用手动和机器辅助技术，目的是寻找高级对手的战术、技术和过程（即Tactics、Techniques and Procedures，简称 TTP）。

3．Carbon Black（网络安全初创厂商，后被 VMware 收购）

威胁狩猎是一项先进的安全功能，结合了主动方法、创新技术、高技能人员和深入的威胁情报，可以发现和阻止由于自动化的防御（如防火墙、IDS/IPS、SIEM）可能会漏掉的，隐身攻击者在达成其目标之前执行的恶意且通常难以检测的活动。

4．SANS 研究所（一家合作系统网络安全研究和教育机构）

从本质上讲，威胁狩猎是一种主动识别攻击迹象的方法，与之相反，安全运营中心（SOC）的分析师则采取了更加被动的方法。具有完善狩猎团队的组织更有可能在攻击早期就抓住攻击者。威胁狩猎者利用工具和丰富的经验来主动过滤网络和端点数据，持续寻找可疑的异常值或正在进行的攻击的痕迹。他们利用威胁情报来更好地了解攻击者的TTP。最重要的是，威胁狩猎者会就可能发生的攻击如何建立假设，并搜索数据以证明或抛弃该假设。

5．安天（中国网络安全厂商）

从防御者的视角来看，威胁狩猎是积极防御层面的一种主动和迭代的威胁检测方法，不同于攻击者已经完成攻击并对业务系统造成严重损害后（即所谓"事后环节"）才采取行动的取证、分析、处置工作，威胁狩猎是针对突防后潜伏状态的威胁，是在"潜伏的事中""攻击破坏或盗取信息的事前"。

9.2.2　我们理解的威胁狩猎

威胁狩猎是追踪那些（现有安全机制）没有检测到的对手及其行为的过程。威胁狩猎关注的焦点是人即对手，同时威胁狩猎是入侵对抗的最高表现形式，包括但不限于追踪以APT为代表的定向网络攻击、0day漏洞利用等未知威胁。威胁狩猎如图9-1所示。

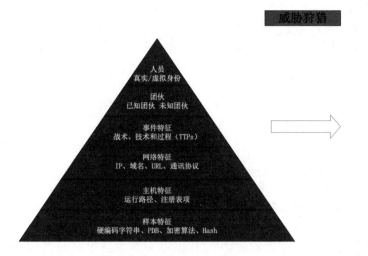

图 9-1　威胁狩猎

9.3　威胁狩猎的需求

企业实施威胁狩猎需要投入人员、数据、工具平台和流程模型等资源。

9.3.1　人员（团队）

网络安全的本质是人与人之间的对抗，人是最重要的资源。如果没有专业的威胁狩猎团队，威胁狩猎将很难成功。

威胁狩猎人员需要掌握的专业知识包括：

- 网络和操作系统安全。
- 操作系统的内部原理。
- 网络安全事件响应。
- 威胁情报。
- 主机和网络取证。

威胁狩猎人员还必须具备批判性思维、分析思维、好奇心、耐心和对细节的关注。由于市场缺乏具有所需资格的专业人员，企业不一定要雇用一个有准备的专家团队，可以找到一个专家和领导者，由他来组建和培养一个团队。

9.3.2　数据

俗话说："巧妇难为无米之炊"，丰富的数据是威胁狩猎的基础。威胁狩猎的支撑数据如图9-2所示。

威胁狩猎的支撑数据（包括但不限于）
0. 威胁情报数据（对手、TTPs 等）
1. 告警数据 /Alert data （HIDS/NIDS，OSSEC/Wazuh、Snort/Suricata 等）
2. 资产数据 /Asset Data （Zeek，如 user-agent 等）
3. 全流量 /FPC （netsniff-ng 等）
4. 主机层数据 /Host data （Beats、Wazuh、syslog 等）
5. 会话数据 /Session data （Zeek，如时间戳、源 / 目的 IP、源 / 目的端口、发送的字节数等）
6. 事务数据 /Transaction data （Zeek，如 http/ftp/dns/ssl 等的请求响应数据）
7. 统计数据 /Statistical Data （Capinfos，如 Pcap 文件中的字节数、数据包的计数、开始时间等）
8. 提取的数据 /Extracted Content Data （Zeek，如流量中的可执行文件、图片等）

图 9-2　威胁狩猎的支撑数据

9.3.3　工具平台

威胁狩猎平台可以利用SIEM作为底层技术来搜集、分类和关联安全事件。SIEM功能允许快速搜索搜集的数据、用户友好的可视化、事件调查和响应。

值得一提的是，威胁狩猎平台必须由威胁狩猎团队进行调整、创建和改进。企业可以基于ELK Stack（Elasticsearch、Logstash、Kibana）构建一个强大的威胁狩猎平台。如果资源允许，企业安全团队也可以进行自主研发威胁狩猎平台。

9.3.4　流程模型

威胁狩猎始于一个想法和假设，狩猎团队根据威胁情报对对手的TTP进行研究和调查，进一步发现新的TTP和还原整个攻击杀伤链，然后将狩猎思路转化为自动化检测规则，最后，狩猎团队与威胁情报和检测响应团队同步信息，启动下一个狩猎周期。威胁狩猎生命周期如图9-3所示。

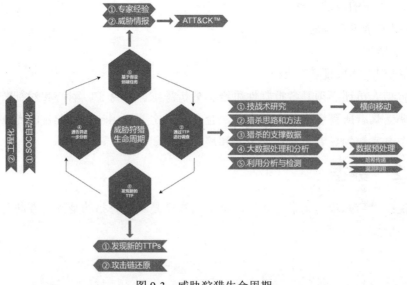

图 9-3　威胁狩猎生命周期

9.4 威胁狩猎方法论

9.4.1 痛苦金字塔模型

痛苦金字塔由"指标"（indicator）组成，是对威胁情报的技术拆解。"指标"（indicator）的生成，是以结构化的方式记录事件的特征和证物的过程。指标包含从主机和网络角度的所有内容，而不仅仅是恶意软件。它可能是工作目录名、输出文件名、登录事件、持久性机制、IP地址、域名甚至是恶意软件网络协议签名等。

痛苦金字塔（The Pyramid of Pain）模型如图9-4所示。

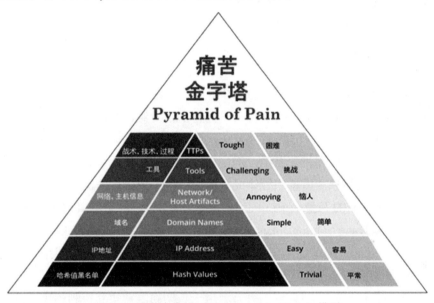

图 9-4 痛苦金字塔（The Pyramid of Pain）模型

在了解了痛苦金字塔的概念后，让我们来看看如何将其应用于威胁狩猎。

1. 基于 TTP 的威胁狩猎

痛苦金字塔的最顶层是TTP，指对手从踩点到数据泄漏，以及两者间的每一步是"如何"完成任务的。比如对手通过远程服务—远程桌面协议（T1021.001）来实现横向移动，通过研究，使用远程桌面协议进行登录会在系统上产生4624/4625的事件日志记录，因此威胁狩猎人员可以基于Windows事件日志4624/4625进行狩猎搜索。

2. 基于指标的威胁狩猎

痛苦金字塔的最底层威胁情报由文件构成，主要涉及恶意网络活动相关的各种恶意代码：木马、后门和下载器等。用于标记文件的各种Hash是最基本威胁情报信息，可以方便地用于在目标系统上进行狩猎搜索，如果一个木马文件在系统上被发现则对象被感染的可能性就非常大。在文件Hash之上的是通过分析样本得到的直接关联的各类基于主机和网络特征，这些数据可以被用来作为入侵指标。简单来说，主机特征可能包含恶意代码在机器上运行时产生的数据，比如程序运行时的写入的注册表项、文件路径等，网络特征可能包含对外连接的C2的IP/域名、访问的URL、通信协议等信息。

3. 基于工具的威胁狩猎

在主机和网络特征之上是对手在入侵过程中使用的各类工具，如远控木马、爆破程序等。通过提取工具的特征创建Yara规则，可以方便地用于在目标系统和公共沙箱上进行狩猎搜索。

9.5 威胁情报驱动威胁狩猎案例

9.5.1 APT29

APT29被认为是与一些政府有关的APT组织，其最早攻击活动至少从2008年起。被认为与2015年夏季攻击M国DNC活动有关。拥有丰富资源，高度组织化的攻击组织，其主要目的为情报搜集，并用于支持对外安全决策。

主要目标是西方政府和相关组织，例如，政府部委和机构、政治智囊团和政府分包商。他们的目标还包括独立国家联合体成员国的政府；亚洲、非洲和中东政府。

该组织使用大量的恶意代码和工具，安全研究人员将其识别为NOBELIUM、MiniDuke、CosmicDuke、OnionDuke、CozyDuke、CloudDuke、SeaDuke、HammerDuke、PinchDuke 和 GeminiDuke。近年来，APT29多次针对与政府机构和附属组织相关的数百甚至数千名收件人实施了多次大规模的鱼叉攻击活动，该组织会快速搜集信息，一旦发现受害者属于高价值目标，则会植入另一套用于长期隐匿搜集和控制的攻击载荷。

除了这些大规模的活动之外，APT29还使用不同的工具集持续并同时参与更小、更有针对性的活动。这些有针对性的活动已经进行了至少7年。这些活动的目标和时机似乎与当时E联邦已知的外交和安全政策利益一致。

9.5.1.1 APT29 组织画像

APT29组织画像如表9-1所示。

表 9-1 APT29 组织画像

组织概况	描　　述	技　战　法	攻击事件情报
团伙名称	APT29	1.该组织使用供应链攻击，主要针对软件开发商、云服务提供商（CSP）、托管服务提供商（MSP）和其他 IT 服务组织的下游客户，包括 SolarWinds 供应链攻击事件	2021-10-25 NOBELIUM targeting delegated administrative
攻击者类型	国家背景组织
技术能力	高，使用 PDF 0day

（续表）

组织概况	描　述	技　战　法	攻击事件情报
疑似来源	E 国	2. 该组织使用鱼叉攻击，鱼叉邮件通常附带 ZIP 文件，诱导文件为 PDF，Office 文档或者视频文件，其通常将恶意载荷托管在失陷的网站上	privileges to facilitate broader attacks
最早活动时间	2008-01-01		2021-06-25　New Nobelium activity
目标国家/地区	西欧、巴西、中国、日本、墨西哥、新西兰、韩国、土耳其和中亚国家	3. 该组织拥有丰富的恶意代码工具集，其偏好使用图片文件作为隐写术，并隐藏恶意载荷和控制配置信息	2021-05-28　Breaking down NOBELIUM's latest early-stage toolset
目标行业	政府机构、国防、能源、采掘、金融、保险、法律、制造、智库、制药、科研技术等行业	4. 该组织使用 HTTP/HTTPS 和 FTP 作为数据上传和指令控制渠道，也偏好使用例如，Twitter 作为其控制信息获取渠道，并使用云盘服务上传数据	2021-05-27　Suspected APT29 Operation Launches Election Fraud Themed Phishing Campaigns
别名	NOBELIUM、Cozy Bear、Cozy Duke、The Dukes、Dukes 、 Group 100 、CozyDuke 、 EuroAPT 、CozyBear、CozyCar、Cozer、Office Monkeys 、OfficeMonkeys、Minidionis、SeaDuke、Hammer Toss	5. 该组织历史曾使用 Tor 作为匿名通信方式，并使用 domain fronting 技术 6. 该组织利用"匿名"基础设施，其中可能包括低信誉代理服务、云主机服务和 TOR，攻击目标	2021-05-27　New sophisticated email-based attack from NOBELIUM
攻击方式	鱼叉钓鱼、水坑	7. 该组织还是令牌盗窃、API 滥用等攻击手法	2021-05-07　Further TTP associated with SVR cyber actors
攻击频率	高		
最近活动时间	2021-10-25		
常用语言	俄语、英语、西里尔语		……

9.5.1.2　基于 APT29 组织的 TTP 的威胁狩猎

2021年5月28日，某安全公司发布有关NOBELIUM（APT29）组织相关攻击活动的报告："Breaking down NOBELIUM's latest early-stage toolset"。

根据该威胁情报报告提取攻击者的技战术，并开发狩猎假设和狩猎规则如下。

MITRE ATT&CK TTP 01：凭据访问＞T1187（Forced Authentication）

报告原文引用："The first, prefixed with a file:// protocol handler, is indicative of an attempt to coax the operating system to send sensitive NTLMv2 material to the specified actor-controlled IP address over port 445."

狩猎假设：

监控由用户工作站发起的与外部 SMB 服务器的出站网络连接。

狩猎规则（Elastic SIEM）：

Channel:Windows-Security AND EventID:5156 AND Direction:Outbound AND DestinationPort:445 AND DestinationAddress is Remote

Channel:Sysmon AND EventID:3 AND Initiated:true AND DestinationPort:445 AND DestinationIp is Remote

LogSource:(NGFW OR Suricata) AND EventType:NetworkConnection AND Direction:Outbound AND DestinationPort:445 AND DestinationAddress is Remote

MITRE ATT&CK TTP 02：防御规避 > T1564.001（Hide Artifacts - Hidden Files and Directories）

报告原文引用："The user is likely expected to interact with NV.lnk, but manual execution of the hidden file BOOM.exe also results in the infection of the system. The individual contents of each file are detailed below."

狩猎假设：

使用 EDR 监控具有 HIDDEN 文件属性的可执行文件/脚本/档案的创建。

狩猎规则（Elastic SIEM + EDR）：

Channel:EDR AND EventType:(FileCreate OR FileRename) AND FileAttribute:*hidden* AND (TargetFilename:(*.exe OR *.dll OR *.ps1 OR *.bat OR *.vbs OR *.zip OR *.rar OR *.7z) OR FileMagicBytes:(4D5A* OR 504B0304* OR 52617221*))

MITRE ATT&CK TTP 03：命令与控制 > T1071.001（Application Layer Protocol - Web Protocols）和渗出 > T1041（Exfiltration Over C2 Channel）

报告原文引用：The downloader is responsible for downloading and executing the next-stage components of the infection. These components are downloaded from Dropbox（using a hardcoded Dropbox Bearer/Access token）.

狩猎假设：

监控由非 Web 浏览器/Dropbox 桌面客户端进程发起到 Dropbox API IP 范围 162.125.70.0/24 的可疑出站网络连接。这种活动非常可疑。

狩猎规则（Elastic SIEM）：

Channel:Windows-Security AND EventID:5156 AND Direction:Outbound AND DestinationAddress:"162.125.70.0/24" AND NOT ApplicationName:("\\Dropbox\\Client\\Dropbox.exe" OR "\\Dropbox\\Update\\DropboxUpdate.exe") AND NOT ApplicationName:("\\chrome.exe" OR "\\firefox.exe" OR "\\iexplore.exe" OR "\\opera.exe" OR "\\microsoftedgecp.exe" OR "\\microsoftedge.exe")

Channel:Sysmon AND EventID:3 AND Initiated:true AND DestinationIp:" 162.125.70.0/24" AND NOT Image:("\\Dropbox\\Client\\Dropbox.exe" OR "\\Dropbox\\Update\\DropboxUpdate.exe") AND NOT Image:("\\chrome.exe" OR "\\firefox.exe" OR "\\iexplore.exe" OR "\\opera.exe" OR "\\microsoftedgecp.exe" OR "\\microsoftedge.exe")

MITRE ATT&CK TTP 04：防御规避 > T1218.011（Signed Binary Proxy Execution - Rundll32）

报告原文引用：the shortcut leverages a living-off-the-land binary(LOLBin) and technique to proxy the execution of BOOM.exe using the following hardcoded shortcut target value: C:\Windows\System32\rundll32.exe c:\windows\system32\advpack.dll,RegisterOCX BOOM.exe.

狩猎假设：

rundll32 从 LNK 文件夹启动，在这种情况下，父进程将是 Explorer.exe，下面的规则将捕获这种活动。

狩猎规则（Elastic SIEM + EDR）：

Channel:Windows-Security AND EventID:4688 AND （NewProcessName:"\\rundll32.exe" OR CommandLine:"rundll32 *") AND CreatorProcessName:"\\System32\\explorer.exe" AND CommandLine:(*LaunchINFSection* OR *RegisterOCX* OR *MiniDump* OR *OpenURL* OR *PrintHTML* OR *LaunchApplication* OR *InstallHinfSection* OR "*Control_RunDLL*" OR "*ShellExec_RunDLL*" OR *SetupInfObjectInstallAction* OR *FileProtocolHandler* OR *RouteTheCall*)

Channel:Sysmon AND EventID:1 AND （Image:"\\rundll32.exe" OR CommandLine:"rundll32 *" OR OriginalFileName:"rundll32.exe" OR Description:"Windows host process （Rundll32）") AND ParentImage:"\\System32\\explorer.exe" AND CommandLine:（*LaunchINFSection* OR *RegisterOCX* OR *MiniDump* OR *OpenURL* OR *PrintHTML* OR *LaunchApplication* OR *InstallHinfSection* OR "*Control_RunDLL*" OR "*ShellExec_RunDLL*" OR *SetupInfObjectInstallAction* OR *FileProtocolHandler* OR *RouteTheCall*)

第 10 章　威胁情报与攻击溯源

溯源一词，字面意义是指往上游寻找发源地，比喻探求本源。发源地是指河流开始流出的地方，借指事物发端、起源的所在。网络攻击追踪溯源（下文简称攻击溯源）一般指追踪网络攻击源头、溯源攻击者及还原整个攻击链的过程。

威胁情报在网络攻击追踪溯源方面的优势在于其海量多来源知识库，以及情报的共享机制。这些情报可以为追踪溯源工作提供有力支撑：防御者将已掌握的溯源线索作为输入传递给威胁情报系统，后者通过关联和挖掘，不断拓展线索的边界，输出大量与已知线索存在关联的新线索。

10.1　攻击溯源的层次

参照威胁情报金字塔模型，攻击溯源分为攻击武器溯源、基础设施溯源、技战术溯源和攻击者信息溯源四个层次。威胁情报金字塔模型如图10-1所示。

图 10-1　威胁情报金字塔模型

10.1.1 攻击武器溯源

在真实的入侵对抗中，攻击者会利用各种方法对目标进行渗透，其目的是控制目标网络，以实现窃取组织的机密数据和情报搜集等网络间谍行为。一般情况下，其攻击链包括侦察、武器投递、建立据点、横向移动、命令与控制和窃取数据。而在无法轻易从正面突破目标的防御体系时，攻击者往往会尝试利用鱼叉邮件方式进行攻击武器（木马）投递，通过迂回的方式进入目标网络，并进一步横向移动扩大战果。

当组织捕获攻击者投递的木马后，安全分析人员通过逆向投递的木马，获取有效信息，针对其攻击特点进行分析，并结合已掌握的威胁情报数据，进而总结攻击者的攻击手法及其域名、IP等基础设施信息，为检测、阻断、溯源提供有效的支撑。

10.1.1.1 攻击武器溯源方法论

攻击武器样本分析方法主要是静态分析、动态分析和高级沙箱运行结果，静态分析主要分为代码结构、文件元数据等方面进行搜集判断，动态分析主要从连接域名、IP和URL等方面分析关联，对于沙箱可以利用一些知名沙箱进行扫描并分析结果，再根据结果进一步进行关联分析。

以图10-2为参考，利用Yara规则可以获取更多关联样本，进一步发现更多攻击者掌握的攻击武器信息，为攻击溯源提供有效支撑。

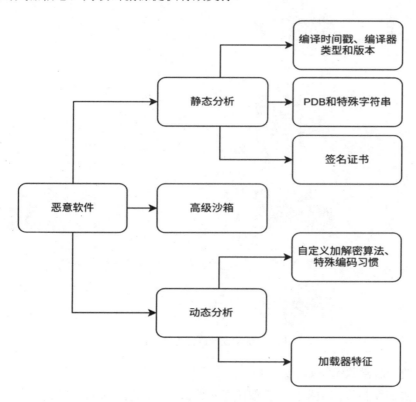

图 10-2　攻击武器溯源方法论

10.1.2 基础设施溯源

IP地址、域名等信息是攻击者用来攻击和控制目标的基础设施资源，在真实的入侵对抗中，通过对IP、域名等信息进行关联分析，可以发现更多由攻击者控制的基础设施资源，从而为溯源攻击者提供有效支撑。

10.1.2.1 基础设施溯源方法论

该方法以威胁情报为主，通过网络空间测绘数据、IP信誉库结合主动扫描形成基础设施资源画像库。基础设施溯源方法示意如图10-3所示。

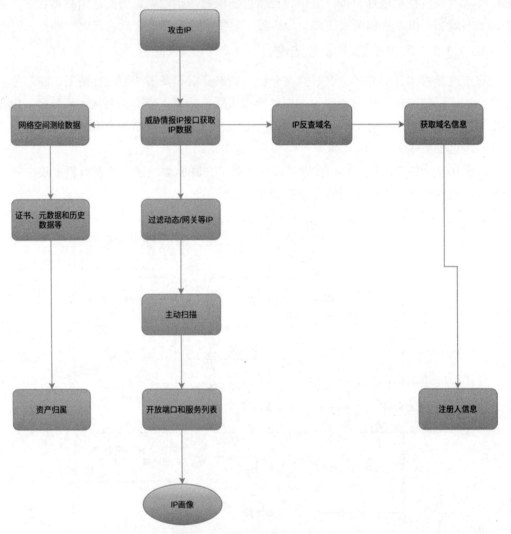

图 10-3 基础设施溯源方法示意

攻击IP的一般溯源流程如下：

（1）通过威胁情报的数据接口获取IP基本数据信息，包括情报标签、信誉、反查域名和地理位置等。

（2）通过网络空间测绘平台的数据接口获取IP对应的历史资产信息，包括证书、元数据等。

（3）根据IP情报数据结果，如果存在反查域名，可再次使用情报接口获取域名相关信息，包括域名注册时间、历史解析IP、Whois信息等。

（4）使用扫描器或第三方服务对IP进行端口扫描和服务识别。

至此，通过该流程形成攻击IP画像。

10.1.3　技战术溯源

每一次网络攻击背后都有一个真实的人（攻击者或攻击组织），而不同的攻击者所掌握的能力不同，因此，在攻击者入侵过程中使用的技战术也不同。技战术全称技术、战术和过程（TTP），是对攻击者的行为的高级别的抽象描述。通过对攻击者的技战术进行分类建模，可以帮助防御者识别不同攻击事件背后的具体的攻击者或攻击组织。

10.1.3.1　技战术溯源方法论

该方法主要是通过ATT&CK模型对安全设备捕获的工件进行分类建模，以识别攻击者所使用的技战术。

技战术溯源主要依赖流量安全产品（如NDR/NTA）、终端安全产品（EDR、Sysmon）和SIEM平台捕获的攻击工件，然后有安全分析师结合ATT&CK模型进行分类建模，以还原整个攻击链及攻击背后的攻击者或攻击组织。

10.1.4　攻击者信息溯源

网络攻击由于其匿名性、隐蔽性和欺骗性等特点，使得网络攻击追踪溯源往往只能追溯到一个虚拟的实体（比如，一个电子邮件地址），再加上M国情报机构、APT组织之间经常互相模仿，使得网络攻击追踪溯源变得非常困难。攻击者信息溯源主要是通过攻击链中可观测部分进行分析，再结合已掌握的情报数据和开源情报数据将攻击特点和数据聚类，以期形成攻击者画像。

10.1.4.1　攻击者信息溯源方法论

通过对武器投递、漏洞利用、安装植入和命令与控制四个阶段捕获的数据做深度分析，聚类提前数据特点形成攻击者画像。

攻击链可溯源关键点如图10-4所示。

钓鱼邮件可溯源关键点如图10-5所示。

钓鱼邮件可溯源关键点主要包括：

● 发件人IP、发件人账号、邮件内容可用于将攻击者投递的邮件分类。

● 发件人账号中可能存在个人信息，如"QQ号@qq.com""个人昵称@163.com"等字符串，检索该字符串可用于挖掘身份信息。

● 邮件内容可能包括钓鱼网站、木马、漏洞利用程序等信息。

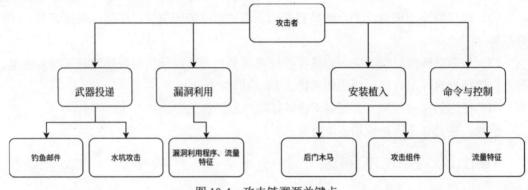

图 10-4 攻击链溯源关键点

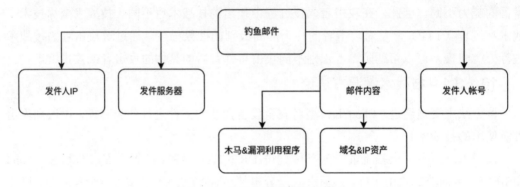

图 10-5 钓鱼邮件可溯源关键点

木马和漏洞利用程序可溯源关键点如图10-6所示。

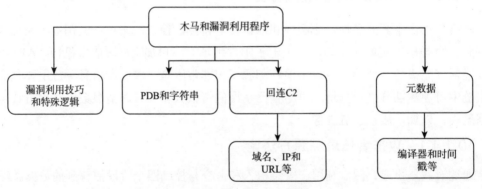

图 10-6 木马和漏洞利用程序可溯源关键点

木马和漏洞利用程序可溯源关键点主要包括：

● 漏洞利用技巧和特殊代码逻辑，比如使用 URLDownloadToFileA API 下载攻击载荷、异常捕获方式等。

● PDB 和字符串，根据 PDB 和特殊字符串可关联更多相关样本。

● 元数据，包括编译器、PE 时间戳和最后编辑者名称等信息。

● 回连 C2，攻击者控制的资产。

域名可溯源关键点如图10-7所示。

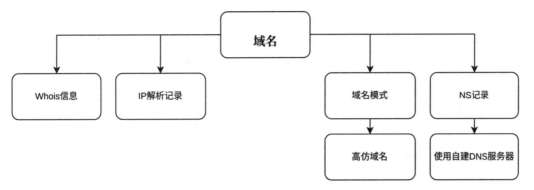

图 10-7 域名可溯源关键点

域名可溯源关键点主要包括：

- 域名特点，如模仿微软官网、DGA 域名。
- Whois 信息，可能包含注册者邮箱。
- IP 解析记录，通过 PDNS 记录，可关联更多 IP 或域名。
- NS 记录，使用自建 DNS 服务器进行解析。

攻击者画像如图10-8所示。

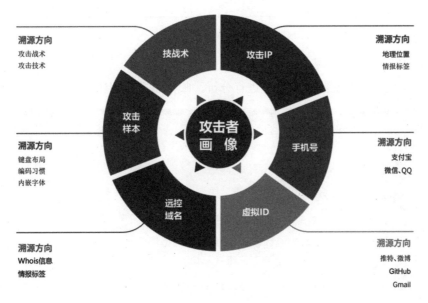

图 10-8 攻击者画像

虚拟身份。

- 攻击者资产暴露的信息，如 Whois 信息、Twitter 推文和 GitHub 个人介绍等。
- 样本暴露的信息，如 PDB 信息、特殊字符串和键盘布局等。

真实身份。

- 社交平台暴露的真实姓名、手机号。
- 个人简历暴露的真实姓名、手机号。

组织信息。

● 邮箱信息、钉钉和企业微信等。

10.2 攻击溯源案例解析

10.2.1 带有木马的钓鱼邮件分析溯源

2020年某月某日,某大型实战攻防演习现场,防守一线值班人员发现大量发送到多名员工邮箱的"不寻常"邮件。邮件附件内容如图10-9所示。

图 10-9 邮件附件内容

溯源过程:

(1)应急处置小组对收到的邮件进行分析,邮件正文如图10-10所示。

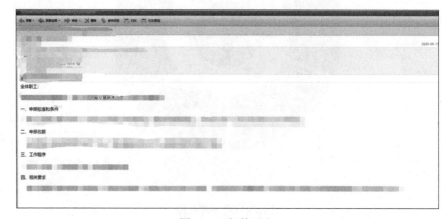

图 10-10 邮件正文

(2)使用notepad++打开邮件A后,即可看见如下攻击者发件信息,如图10-11所示。

```
DKIM-Signature:      .a=rsa-sh      .c=          ;.d=       ;
    s=z       ;h=Fr                               ;bh=qqOC1
    vTQRYEL7jHRFd2rRZa5VVepa+I          =;b=ZGd         /0dXhtGupYPn
    nF3bL+x          SgHtbm7eqwj1PCDVQk08KhSTtLAzUnORgVkU3zJ4JrHDBZNf6
    bdrnrpUaTUwEsc6m06hSSZQ7Xzc2qJ/9QQ          +JpC+aCNXx    LX9AbQ3/7
    10bZkHCgbC7DnXuyxxOSS6U=
Received: from         cn (unknown [1           ...])
    by smtp1 (Coremail) with SMTP id GdxpCgAX0JMJXGBfnqVWAw--.1
    Tue,        2020
```

图 10-11 攻击者发件信息

（3）对于邮件A的攻击者发件IP：XXX进行分析，其属动态IP，地理位置为XXX。

（4）通过查询 xxxx.cn 的 whois 信息，发现域名对应的邮箱为：XXX@qq.com，姓名为"XXX"。

（5）在DNSpod平台验证此域名的手机号和邮箱，发现为 **5********* 和 *******@qq.com。

（6）继续排查昵称XXX及邮箱XXX@qq.com，发现此人的CSDN主页，从该信息推断其工作可能与网络安全相关。

（7）通过其GitHub主页，发现其备注公司为XXX，昵称为XXX。分析其GitHub，发现其多年前曾开发过一些代理工具。

（8）继续通过ID进行搜索，发现其接触过CTF。CTF信息如图10-12所示。

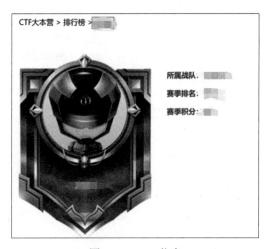

图 10-12 CTF 信息

（9）继续搜索XXX@qq.com，验证其姓名为"XXX"，曾为XXX有限公司法人，此公司当前已注销，官网为XXX。

（10）继续查询相关信息，确定此人手机号为13X，获得新邮箱XXX@qq.com。

（11）通过微信和支付宝查找手机号，验证其真实姓名为"XXX"，获得邮箱 ***@XXX.com。

（12）根据其昵称习惯，猜测邮箱为xxxx@xxxx.com，经验证，确实为xxxx@xxxx.com。同时可验证xxxx@qq.com其邮箱。

（13）继续搜索xxxx，发现此人在xxx年作为xxx企业课题，其课题为"基于xxx源码护"，获得其邮箱xxx@xxx.cn，确定此人系"xxx"员工。

（14）X年X月，此人曾在52Pojie发布招聘广告，获得此人在XXX的邮箱XXX。

（15）继续在LinkedIn上查找，发现其相关信息有"信息安全全栈工程师"，就读于X大学X信息安全专业。

溯源结果如表10-1所示。

表 10-1　溯源结果

攻击者姓名	溯源成功
ID（CSDN、GitHub）	溯源成功
微信 ID	溯源成功
QQ 号码	溯源成功
支付宝账号	溯源成功
邮箱（多个）	溯源成功
手机号码	溯源成功
个人主页（LinkedIn、知乎）	溯源成功
大学及专业	溯源成功
人物照片	溯源成功
在职公司	溯源成功
攻击队伍	溯源成功
IP 地址关联域名	溯源成功
攻击 IP	溯源成功
地理位置	溯源成功

至此，通过对钓鱼邮件附件样本进行逆向溯源，结合开源情报数据，完整还原了攻击者的身份信息。

第三部分　威胁情报进阶篇

第 11 章　开 源 情 报

公开和半公开的数据被称为开源情报（Open Source Intelligence，OSINT），可以使攻击者制定目标策略、识别入口和进入目标的方式，并了解目标如何应对破坏性基础设施攻击。开源情报的一些常见来源包括职位列表、社交媒体网站、搜索引擎、新闻网站、供应商网站、财务或法庭文件等法律资源，以及VirusTotal等侦察工具。本章将详细介绍攻击者如何寻找开源情报来计划和实施攻击，以及企业如何防御这些行为。

11.1　开源情报概述

开源情报（Open Source Intelligence，OSINT）涵盖了广泛的应用。从根本上讲，OSINT是指搜集公开和半公开的信息，用于为多种应用提供信息，包括情报搜集和报告、业务和策略分析，以及对手攻击开发。

攻击者和防御者从各种来源搜集OSINT。表11-1所示为开源情报来源。

表 11-1　开源情报来源

搜索引擎
社交媒体网站
职位列表
新闻网站
公司网站
供应商网站和文档，包括包含默认密码的安装文档
财务和法律资源，例如，招股说明书
政府和监管机构网站
侦察工具，例如，Shodan 或 Censys
在线沙箱，例如，VirusTotal
公共存储库，例如，GitHub
使用 OSINT 框架等工具

攻击者可能会寻求多种类型的信息，以试图对目标进行侦察并制定攻击计划。识别这些信息并教育公司人员了解公开暴露的潜在风险，可以使防御者主动评估或删除可以

武器化的潜在信息。

个人/人事信息：允许识别关键人员、一般人员或外部人员（例如，承包商）。例如，LinkedIn个人资料。

可访问性信息：允许对手远程/物理访问或离开目标的能力或方法。例如，暴露于互联网的远程桌面协议（RDP）。

可恢复性信息：让对手深入了解目标的系统或网络基础设施从攻击或入侵中恢复的能力。例如，灾难备份计划。

漏洞信息：通知对手存在于目标基础设施、流程或响应行动中的漏洞。例如，未修补的虚拟专用网络（VPN）设备漏洞。

11.2 开发开源情报安全评估

通过识别可用于OSINT搜集的数据并确定其优先级，防御者可以制定方法来减少潜在的高风险公司和用户数据的可用性，并限制对手在潜在攻击中可使用的信息。

11.2.1 确定场景的范围

防御者应该首先确定多个场景和攻击的可能性。这些可以从已知的网络攻击的例子、桌面演习和红队活动的结果，以及内部安全团队开发的场景中确定。这一步的目标是确定防御者试图防止的对手或攻击的类型。

例如，Dragos公司建议利用结果驱动的安全评估来确定对手的目标，以及如何打击他们。Dragos公司的结果驱动ICS网络安全范围的Crown Jewel分析模型帮助防御者直观地了解对手如何访问系统以实现特定目标。通过识别系统内的资产、功能输出和依赖关系、暴露程度，以及每个网络层之间的互动，组织可以直观地看到对手如何通过瞄准系统内的不同元素来实现特定的目标。

11.2.2 全公司协作

OSINT评估利用跨多个团队的经验和数据非常重要。在进行评估时，应咨询来自IT的安全操作员和网络技术人员、事件响应人员和取证专家。这些人可以从对手的角度洞察信息的价值，以及开源情报如何实现潜在的攻击场景。此外，还应咨询包括人力资源和法律在内的业务部门，以确定公开可用的信息，以及该信息所服务的要求或政策功能。

11.2.3 系统和网络等资产的详细拓扑

应开发和维护网络的详细地图，以通过系统图、流程图或网络地图直观地描述信息的托管、存储和维护位置。地图还应详细说明托管信息的上下文。例如，在评估托管承包商信息和第三方网络访问的门户网站时，托管信息的内容应与实际托管服务器的技术规格一样详细。如果可以从汇总中生成更多情报，则应注意并评估有用数据的质量和数量。

11.2.4 确定来源并搜集信息

来源识别是搜集过程中的一个重要步骤。防御者可以使用上述资源来查找相关的、公开可用的信息。但是每个公司的来源会有所不同。资产所有者和运营者还应考虑第三方实体暴露的可用于侦察行动的信息。例如，供应商可能会发布案例研究或新闻稿，描述客户如何在其运营环境中实施特定产品或服务，这可以让对手了解目标环境中使用了哪些技术。

信息搜集应侧重于可用于促进侦察或攻击开发的公开信息。这包括有关供应商和合作伙伴的信息；文件、原理图和数据表；招聘广告；有关系统操作和恢复过程的信息；地理数据，例如，详细说明数据中心的地图；通过Shodan确定的端口和服务；和公共转储中的凭据。安全团队还应识别安全架构中的漏洞，例如，缺乏强密码的远程登录门户和包括RDP和VPN服务在内的多因素身份验证。

11.2.5 进行分析和风险评估

搜集数据后，用户应确定对手如何操作数据以实现潜在攻击场景中概述的目标。应根据OSINT搜集与风险评分矩阵，针对数据对组织构成的风险为数据分配严重性评分。例如，可以为初始访问提供便利且攻击者易于访问的信息应分配给比以下信息更高的评分：不能使对手实现攻击目标，而且很难获得。

示例：

一条信息（例如，错误日志、系统头信息等）描述了运行易受攻击的软件的服务器，但不知道对手如何或是否使用该信息。这些信息具有高度的可访问性和可识别性，并且很可能容易被对手使用。与对手搜集的其他信息相结合，这种软件漏洞信息的得分比单独的信息要高。

11.3 OSINT 搜集与风险评分矩阵

为了让资产所有者和运营者更好地了解公开搜集的信息给组织带来的风险，Dragos公司开发了OSINT搜集与风险评分矩阵。使用此矩阵，用户可以快速将分数应用于已识别的信息，以及对手对其进行操作的风险。

数据从1到3并按颜色评分，包括绿色、橙色和红色。数字越大，OSINT 对对手的价值就越大。绿色表示低价值项目，红色表示高价值项目。颜色可帮助分析师确定如何快速确定修复和防御的优先级。这在下面的防御和缓解的优先级部分进行了解释。表11-2所示为OSINT搜集与风险评分矩阵。

表 11-2　OSINT 搜集与风险评分矩阵

OSINT 搜集风险与漏洞矩阵	信息对情报搜集的相关性/重要性较低	信息对情报搜集具有中等相关性/重要性	信息对情报搜集具有高度相关性/重要性
对手的利用几乎不需要分析工作来进行操作整合	2	3	3
对手的利用需要中等程度的专业分析工作来进行操作整合	1	2	3
对手的利用需要高度技术性的分析工作来进行操作整合	1	2	2

示例：

OSINT评估确定了一份包含石油生产设施工程图的文件。该文件包括安全系统的设备类型和实施信息，以及企业资源规划（ERP）软件的集成。此文档在供应商请求提案（RFP）存储库中找到。

该文件被评为3分，对于有兴趣渗透或破坏行动的对手具有很高的价值和相关性。它需要针对对手的情报价值进行专门的分析工作。这意味着要使用本文档中的信息，攻击者必须了解所使用的ICS环境、设备和软件。

11.4　优化防御和缓解措施

随着信息的评估和分数的分配，防御者可以利用防御和缓解的优先次序（PODAM）表来可视化所搜集的数据如何被操作、信息的价值，以及是否有保护和缓解措施来解决潜在风险。

用于评估OSINT搜集的PODAM表包含用于操作OSINT的多个示例和潜在用例，包括目标识别、利用、基础设施开发、交付、能力开发和针对目标的行动。每条信息的重要性用颜色表示，如表11-2所示。不同的字符代表实体减轻潜在风险的能力，以及风险减轻是否是政策或优先级问题。

该表是分析师如何根据搜集的开源数据确定防御和缓解优先级的示例。图例图标代表公司实施防御措施以防止数据被利用的要求和能力、应优先采取哪些行动、是否需要修复网络策略配置，以及数据是否来自威胁情报报告。颜色代表搜集到的情报对对手行动的价值。

示例：

分析师搜集三种不同类型的信息：设施的位置、工程师的姓名和电子邮件，以及与他们合作的公司的供应商名称和合同信息。对手以不同的方式使用这些信息来进行目标定位、开发和基础设施开发操作。分析师必须根据上述风险评分矩阵确定数据的使用方式、数据的重要性，以及组织是否有足够的可见性、防御措施和安全策略来防止信息被利用。分析师按照以下示例完成表格。

以下定义描述了与 PODAM 相关的各种类型的信息，

- 人员（Personnel）：拥有 OSINT 足迹的个人。这可以帮助对手识别可能成为访问和利用来源的目标。

- 技术（Technology）：关于被保护环境中存在的特定技术的信息。这种信息可以来自人员档案、工作列表或对手的指纹。

- 组织（Organizational）：关于组织的物理位置、伙伴关系、业务详细等信息，可用于制定目标。

- 漏洞（Vulnerability）：业务或操作流程中存在的漏洞，为攻击者提供了可能的利用途径。

- 社会工程（Social Engineering）：用来欺骗用户激活或下载已交付的功能，或以受信任方的身份向对手提供信息的一种方法。

- 供应链（Supply Chain）：支持业务流程的生产或运营的一个或多个实体。它充当通过可信渠道或连接进入受害者环境的途径。

- 域名欺骗（Domain Spoof）：建立模仿或密切匹配可信域名或实体基础设施的战术。这可以用于交付、指挥与控制，或用于社会工程。

- 合法妥协（Legitimate Compromise）：攻击者用来通过利用信任或另一个域或组织的合法性质来访问缩进受害者的策略。这通常被视为与受害者交互的命令与控制点，从而避免建立和维护对手创建的基础设施的必要性。

- 供应商供应链（Vendor Supply Chain）：这将允许对手合法妥协的潜在目标、制作欺骗性域名、供应链妥协，或涉及商业运作的受信任方关系的信息，这可能会带来网络钓鱼的机会。

- 武器构建（Establishment）：对手建立基础设施、发展和测试能力，以及进行侦察和瞄准的初始规划阶段的行动过程。

- 分离（Staging）：对手准备基础设施和能力以协调行动以用于交付、开发或指挥和控制功能的操作过程。当基础架构的一部分从非活动托管转移到活动托管时，也可以启动分离。

- 网络钓鱼（Phishing）：攻击者可以结合使用攻击者控制或合法受损的基础设施和网络钓鱼主题来诱使受害者产生虚假的安全感并逃避审查。这通常会导致受害者访问水坑，避免被安全操作或技术立即检测到，并与对手发件人建立信任关系。

- 水坑攻击（Watering Hole）：攻击者控制的或合法但遭到破坏的域，攻击者用来引诱受害者搜集信息、提供功能或搜集合法访问凭据。

- 下载器/释放器（Downloader/Dropper）：一种无须受害者交互即可交付附加能力的能力。

- 凭据捕获（Credential Capture）：攻击者用来搜集合法凭据的方法，使其能够访问目标受害者。

- 合法访问（Legitimate Access）：攻击者使用捕获的凭据、从 OSINT 信息中获取的凭据或暴力身份验证来实现作为受信任的合法用户的访问的方法。当攻击者能够在受害者环境中创建用户角色以允许持续访问而不依赖后门或其他启用非法访问的功能时，也会发生这种情况。

- 身份验证绕过（Authentication Bypass）：此技术涉及寻找允许在身份验证控制背后进行访问的基础设施，但访问批准的技术或组织流程中存在漏洞，或者有效用户账户被破坏以让对手绕过此身份验证机制。

- 研究与开发（Research and Development）：为对手生成有价值的新信息或包含未公开或获得专利的知识产权的业务职能。

- 自动化（Automation）- 遵循特定步骤的流程，无须人工或用户互动。

- 规避（Evasion）- 攻击者采取的能力设计、战术或技术，以避免被安全基础设施、技术或防御者操纵发现。

- 混淆（Obfuscation）- 攻击者采取的能力设计、战术或技术，以避免检测。

- 安装（Installation）- 攻击者能够将能力加载到受害环境并成功执行该能力以允许进一步访问或继续交互操作的过程。

- 态势感知（Environment Awareness）- 攻击者能够确定他们在受害者网络中的位置，识别基础设施或信息，以更好地支持入侵操作中的能力选择。

- 武器化（Weaponization）- 攻击者采取的活动，以获取漏洞或良性软件或文档，并将其转化为可满足对手意图的作战能力。

- 交互式操作（Interactive Operations）- 攻击者通过手动方式访问受害者环境或在没有自动化或使用功能来实现信息搜集、侦察、持久化或渗漏的情况下执行攻击性任务的活动。

- 命令与控制（Command and Control）：攻击者用来指挥其行动的通道，从而实现信息的双向通信。

- 持久化（Persistence）：在受害者环境中保持访问和命令与控制的方法。

- 机动（Maneuver）：用于在受害者环境中移动的方法。

- 网络关键地形（Cyber Key Terrain）：对网络的操作完整性、机密性和可用性至关重要的基础设施、流程（业务、技术或人员）或技术。

- 防御能力差距（Defense Capability Gap）：防御对手利用所需的组织结构、网络架构、网络安全或用户策略方面的差距。

- 缺少依赖性（Missing Dependency）：启用核心安全功能但不存在于环境中的安全功能或机制。

- 需要实施（Requires Implementation）：组织中存在但尚未实施的安全功能或机制，是防御攻击者利用所必需的。

- 情报数据（Intelligence Data）：从威胁情报数据中搜集的信息，无论是来自第三方还是组织的内部威胁情报团队。

- 政策问题（Policy Issue）：需要更改组织或用户政策才能解决的项目。

通过使用此表，分析师可以确定要解决的最高优先级项目。在这种情况下，它是公开的供应商名称和合同。以下是开始解决问题的补救计划的建议步骤：

（1）在适用的情况下，从公共来源删除敏感信息。

（2）对运营环境中的第三方和供应商集成进行评估。

（3）通过访问限制、多重身份验证、分段和纵深防御措施确保第三方连接的安全。

（4）与供应商和承包商合作，提前识别和确认维护和相关操作，以确定时间表和合法活动基线。

11.5 OSINT 搜集缓解和漏洞修复

一旦确定了防御和缓解优先级，用户应确定缓解措施，以防止或降低对手利用漏洞或操作评估前阶段确定的信息的风险。这些可能包括向易受攻击的硬件和应用程序发布补丁、从公共网站或数据库中删除敏感数据、实施MFA以访问云存储系统上的文档，以及更改网络安全设备的默认密码。

用户应分两部分进行本部分的评估：一个针对硬件和物理系统，另一个针对软件和用户策略。每项评估都应包括对已识别的漏洞或问题的描述、公司如何纠正它，以及这样做所需的资源。评估应包括阻止公司实施建议修复的任何潜在障碍。为了说明漏洞或信息对组织构成的潜在风险，鼓励防御者利用威胁情报报告，提供对手操作已确定的问题和活动后果的示例。

不管发现的问题如何，所有缓解措施都应包括纵深防御方法，以防止系统或网络中出现单点故障。资产的可见性对于实施有效的纵深防御方法以建立进入壁垒、保护或限制资产之间的通信，以及识别异常行为至关重要。这需要对组织资产的完整视图。

11.6 采取行动

根据搜集到的信息和对组织的评估风险，用户应实施补救计划，重点是对攻击者操作最关键到最不关键的信息。计划应记录在案，并包括解决问题所需的现实时间表，并确定负责解决、删除或纠正信息和漏洞的实体。

评估完成后，应在团队之间共享结果。包括人力资源等实体，他们可能需要根据反馈更改职位描述，以及公共政策团队，他们定期与监管机构共享可公开访问的数据。

作为每季度或每半年一次的网络安全审查的一部分，定期进行OSINT搜集风险评估可以提高一个组织对对手操作公开信息和利用已知漏洞的防御能力。通过遵循上面介绍的框架，防御者可以更好地识别组织的潜在风险，了解公开暴露的数据的风险，并建立有效降低风险的缓解策略。

第 12 章　威胁情报与 APT 归因

我国已经将网络空间与核、太空,并列为三大重要安全维护领域。网络空间是国家安全和经济社会发展的关键领域。为了捍卫国家网络主权、信息安全和社会稳定,我国要加快网络空间力量建设,大力发展网络安全防御手段。

以APT为代表的定向网络攻击,一般是由国家资助的超高能力网络空间威胁行为体发起,直接目的是破坏关键基础设施,对网络空间安全构成了极大的威胁,其最终目的是获得政治、经济、军事上的优势。因此,追踪网络攻击的源头(归因)是提升网络空间安全防御的威慑力、捍卫国家网络空间主权和国家主权的必要手段。

(1)在技术层面上,追踪溯源(归因)可以及时确定网络攻击目的和使用的技术手段,不仅能够有效地提高网络防御的有效性和针对性,还能加深对TTP的理解,提高网络空间的积极防御能力。

(2)在战术层面上,追踪溯源(归因)可以为解决国家间网络空间安全争端提供取证支撑,是捍卫国家网络空间主权的必要手段。

(3)在战略层面上,追踪溯源(归因)攻击者的真实身份和幕后组织者,可以提升网络空间安全防御的威慑力,达到"不战而屈人之兵"的防御效果。

在下文中,我们将探讨网络安全公司和政府机构如何对APT攻击进行归因。

12.1　归因概述

12.1.1　APT

APT全称为Advanced Persistent Threat(高级持续性威胁),是指有组织、有计划,长期、持续地针对特定目标的一系列攻击行为。通常是由国家背景的攻击组织发起的攻击活动。同时,APT也被认为是地缘政治的延伸,甚至是战争和冲突的一部分,APT的活跃趋势也跟地缘政治等全球热点密切相关,全球APT攻击高发区域也是全球地缘政治冲突的敏感地域。

APT的具体含义如下:

● 高级(Advanced)是指此类攻击比那些常规的黑客扫描和探测行为更复杂。
● 持续性(Persistent)是指攻击者战略性地选择他们的目标,如果有必要,在很长一段时间内反复尝试攻击它。如果一种攻击技术失败,攻击者会调整他们的技术并再次尝试。

- 威胁（Threat）是指攻击背后的威胁行为体。APT 不是一种技术或某类恶意软件，而是具有战略动机的威胁行为体，比如，窃取国家机密信息和破坏关键基础设施等活动。

12.1.2　归因

归因是一个分析过程，试图回答谁是APT攻击活动的"幕后黑手"，以及他们为什么这样做。

就在几年前，APT攻击的幕后黑手是谁的问题只与技术专家有关。但对选举活动的干涉清楚地表明，出于政治、社会和战略原因，归因也很重要。公民和选民需要知道，选举候选人的敏感数据是由个别犯罪分子因个人喜好而公布的，还是外国国家出于战略意图而下令进行这样的行动，可能试图为受影响国家带来最大的政治、社会或经济损失。

在下文中，我们将探讨网络安全公司和政府机构如何追踪和识别黑客。为此，我们需要了解肇事者的工作方式，以及他们使用的方法。

12.2　归因的层次

从目前来看，归因主要分为技术层面和战略层面。

12.2.1　技术层面（How）：活动归因

活动归因主要对恶意活动进行聚类，活动归因关注的焦点是TTP或威胁行为体的运作方式，通过寻找历史TTP和当前活动TTP的重叠，将不同的活动聚类到同一组中，最后有可能将其归因到某个命名的威胁组。

一个典型的APT追踪系统通常会同时跟踪活动集群和威胁组。当证明某活动属于某个组时，我们将该活动滚动到该组中。从威胁情报分析师的角度看，这对我们有用，因为我们实际上每天都在全天响应入侵，我们不急于将其归因于命名威胁组。

12.2.2　战略层面（Who）：归因到具体的威胁行为体和实体

战略层面的归因主要是指追踪溯源攻击者的真实身份和幕后组织者，如一个具体的人、组织、机构和国家。以APT为代表的定向网络攻击，一般是由国家资助的超高能力网络空间威胁行为体发起，因此，归因到具体的实体，更应该为政府相关的情报机构、监管和执法机构等所关注。

归因到具体的实体的判定最后会落到以下三个层面：

（1）初始地域来源，如国家。

（2）一个特殊的设备或网络ID。

（3）相关的个人或组织。

战略层面的归因非常复杂，通常是由专业的威胁情报服务或安全公司的分析师执行。要推导出攻击背后行为体的来源国，需要大量的信息。一次攻击通常不能为这种分析工作提供足够的数据。来自更多攻击的更多数据意味着攻击者犯错的概率更高，也意味着有更多的统计能力来识别重复出现的模式，如特定目标的选择。这就是为什么在大多数情况下，在归因于一个国家之前，有必要将来自几个类似攻击的数据组合成一个活动集群。

12.3 归因的方法

尽管一些安全公司、非政府组织和政府机构都在进行归因工作，但目前还没有一个公开的框架来定义归因的技术过程。公司和机构可能有自己既定的内部流程，但尚未公布。下文我们将介绍用于归因的MICTIC框架。

12.3.1 MICTIC 归因框架

MICTIC框架的总体思路是，网络间谍和破坏行动由几个方面组成。这些方面不是像网络杀伤链中的阶段，而是APT组织的工件、资源和活动。MICTIC的缩写是由各方面的名称组成的。恶意软件（Malware）、基础设施（Infrastructure）、控制服务器（Control servers）、遥测（Telemetry）、情报（Intelligence）、为谁工作（Cui bono）。在某种程度上，它是钻石模型的一个更精细的版本，经过调整，与信息安全分析师的典型专业领域相对应，同时也遵循APT组织内部的假设工作分离。MICTIC的每个方面都定义了对归因有用的信息来源或类型。这通常反映在可能被委托给APT小组的个别成员或子小组的任务上。表12-1所示为MICTIC框架中攻击的各个方面。

表 12-1　MICTIC 框架中攻击的各个方面

	方面（Aspects）	示　　例
M	恶意软件（Malware）	时间戳、语言设置和字符串
I	基础设施（Infrastructure）	WHOIS 数据
C	控制服务器（Control servers）	获取的硬盘上的源代码或日志。
T	遥测（Telemetry）	工作时间、源 IP
I	情报（Intelligence）	截获的通信
C	为谁工作（Cui bono）	战略动机的地缘政治分析

恶意软件方面包括后门、木马和漏洞的开发和配置。在攻击者方面，这是开发人员的责任，而在信息安全方面，逆向工程师和恶意软件分析师参与其中。租用和操作用于下载恶意代码和渗出数据的服务器的过程属于基础设施方面。许多APT组织被认为有专

门的小组成员来管理基础设施。在分析方面，研究人员通过公开访问的服务来跟踪和监测C2，也反映了这一点。控制服务器方面包括服务器和可以在上面找到的工件构成。它们是执行实际网络间谍行动的操作者所使用的主要资源。掌握控制服务器通常是执法部门的一项任务。遥测是有关受害网络内操作员活动的数据，安全公司可以对其进行分析。政府机构有额外的信息来源，这些来源是情报方面的一部分。最后，为谁工作（Cui bono）方面对应于该组织的国家赞助者。在信息安全社区中，这一方面由地缘政治分析涵盖，哪个国家的战略动机与观察到的攻击者活动相一致。

12.3.2 归因的具体方法

归因的具体方法和示例如图12-1和12-2所示。

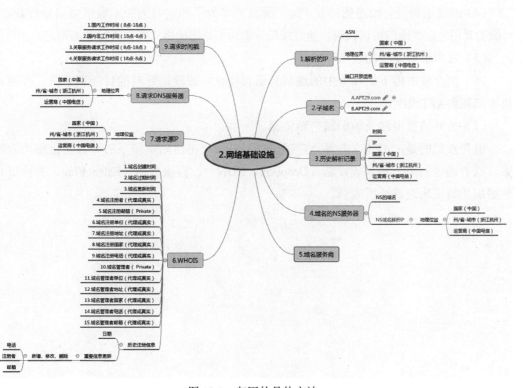

图 12-1　归因的具体方法

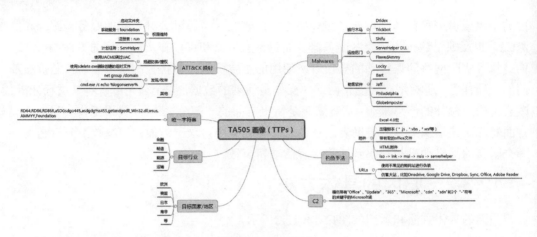

图 12-2　归因示例

（1）攻击组织使用的恶意代码特征的相似度，如包含特有的元数据（代码中所用语言、编写恶意软件的时间）、互斥量、加密算法（具备相同的加密算法结构、相同的加密密钥和相同的系统信息连接字符串）、签名（数字证书）等。

（2）工具开发人员的编码风格（函数变量命名习惯、语种信息等）。

（3）攻击组织历史上使用控制基础设施的重叠，如Passive DNS、IP地址和Whois数据的重叠。

（4）网络层特征，如通信协议（每个恶意样本为了和之前的版本通信协议进行兼容，一般会复用之前的通信协议代码，通过跟踪分析通信数据的格式特征进行同源判定）。

（5）攻击组织使用的攻击TTP。

（6）结合攻击留下的线索中的地域和语言特征，或攻击针对的目标和意图，推测其攻击归属的APT组织。

（7）公开情报中涉及的归属判断依据。

值得注意的是，APT攻击者会尝试规避和隐藏攻击活动中留下的与其角色相关的线索，或者通过利用公共基础设施（Dropbox、CDN）、假旗行动（False Flag）和模仿其他组织的特征来迷惑分析人员。

13.1　威胁情报面临的技术挑战

13.1.1　攻防对抗之反情报

威胁情报作为一种新兴的技术，从技术的角度来看有其先进的一面，但从网络攻防对抗的不断升级演化的视角来看，很多针对威胁情报检测的逃逸技术也在不断进化和升级。这些反情报和假情报技术可以使威胁情报无法很好地发挥价值，甚至不能发挥价值。

威胁情报技术包括两种典型技术挑战，一种是反情报技术，另外一种是假情报技术。前者通过逃逸、对抗使得难以获取情报，后者使之获得假情报。

13.1.1.1　C&C 失陷检测逃避

恶意程序在植入被控主机时，需要从命令与控制服务器通道上接收控制指令，这个命令控制服务器，经过提取分析加工之后，会形成威胁情报领域的失陷指示器（IOC）。威胁情报将这些IOC分发给各个安全产品，各安全产品根据这些IOC进行威胁检测，来发现网络中存在的失陷主机。然而很多恶意程序和网络攻击已经找到了应对这种基于威胁情报IOC的威胁检测技术，其中典型的一种是使用公开的主流社交媒体的域名的API接口，另外一种是使用主流CDN网络作为代理。这两种反情报技术，都将真实的IOC隐藏起来，使得威胁情报很难处理这种情况。主流的社交媒体和CDN每天都大量的网络安全流量访问，很难直接从中识别出恶意的API接口调用，这种反情报手段，会使得基于威胁情报IOC的检测能力大打折扣。

1. ROKRAT 的通过主流媒体和云平台进行逃逸

2017年11月Cisco安全研究机构Talos团队发布了两篇文章，都是关于对恶意程序"ROKRAT"的技术分析。其中提到了最新的"ROKRAT"恶意程序，使用的命令控制平台时，没有像以前一样使用"twitter""facebook"等主流社交媒体来进行命令控制，而是使用了类似"yandex""box""pcloud"等这样的云平台来进行命令控制。

图13-1展示了"ROKRAT"在2017年11月捕获的样本时，使用到的可信任的域名对应的API接口信息。这些可信域名在网络流量中所占的数据量很大，很难将这些域名相关的网络访问归为恶意，因为其中也会有大量的正常访问。

```
mov     byte ptr [ebp+var_4], 1
lea     eax, [ebp+arg_4]
cmp     [ebp+arg_18], 8
mov     [ebp+arg_11D0], 0
cmovnb  eax, [ebp+arg_4]
push    eax            ; int
lea     eax, [ebp+var_1010]
push    offset aHttpsApiBoxCom_1 ; "https://api.box.com/2.0/files/%s/conten"...
push    eax            ; int
call    sub_1AADBC0
xor     eax, eax
mov     [ebp+var_102C], 7
add     esp, 0Ch
mov     [ebp+var_1030], 0
mov     word ptr [ebp+lpMem], ax
cmp     word ptr [ebp+var_1010], ax
jnz     short loc_1AAF1A4
```

图 13-1　API 接口信息示例

2. 通过 CDN 平台功能或缺陷来逃避 IOC 的提取

CDN（Content Delivery Network）内容分发网络是高效地向用户分发Web内容的分布式服务器网络，其在网络访问加速、防御DDoS攻击等方面有着重要的作用。按照流量计费和数据分析清洗的功能，所有使用了CDN服务的流量，都会先经过CDN服务器，然后再发往最终的真实服务器。CDN从技术上讲本身就承载了一个代理功能。很多恶意程序就会通过使用合法的CDN域名，将流量通过CDN服务器，再转发至最终的C&C服务器。这样的话就无法提取到最终的C&C服务器，威胁情报IOC也就无从谈起。

2019年捕获的一个恶意程序"CobaltStrike"的变种，我们提取其使用了cloudfront.net的CDN服务。cloudfront.net为其分配了一个子域名，且解析之后的IP地址也为cloudfront.net机构所有。该样本信息如图13-2所示。此时如果提取IOC的技术错误，错误地将cloudfront.net下的所有域名都归为安全域名的话，那么就会导致漏报的问题。类似的很多APT组织，会使用形如3322.org、ChangIP、DynDNS、No-IP等动态域名，是期望从主流域名这个层面规避基于IOC的检测技术。

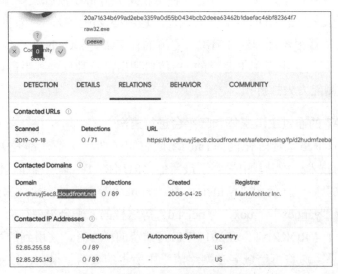

图 13-2　样本信息

如果说上一种基于CDN代理的逃逸技术，还可以通过直接提取完整域名进行威胁检测的话，那么另一种使用CDN来逃避检测的技术，就很难进行IOC的提取了。一些CDN厂商支持在请求时，将最终的目的地址写在HTTP请求头中的字段进行通信，这时从网络流量来看都是和正常的绝对的白名单通信，很难开展基于IOC的失陷检测。

13.2 网络攻防中的真实场景

2016年以来为了加强网络安全的工作，各行各业之间展开了大量网络攻防实战演练竞赛工作。首先将队伍分为攻击方和防守方，攻击方包含多支队伍，防守方也包含多支队伍。其中防守方为了进行有效的防御，获得高分，则开始了针对攻击方的攻击指示器的封堵。反过来攻击方为了应对这种基于威胁情报指示器的封堵，也开启了"投毒"反情报应对方法。根据演练时收到的各防守方的分享的攻击指示器列表，进行分析了分析。发现其中有大量的白名单IP。这些IP被封禁时，会导致正常的网络业务无法开展，比如，无法登录主流的互联网服务平台。

13.3 威胁情报之生产分析挑战

13.3.1 威胁情报定义和范围不清

Gartner对威胁情报的定义将其称之为一种"知识"，但并没有明确什么样的知识能称为威胁情报。以至于，很多发力于威胁情报业务的主要厂家不断地扩大威胁情报的范围，甚至以往网络安全中的资产、漏洞、规则、IP地址基础信息等都被归属于了威胁情报的范畴。我们将这一现象，称之为万物皆情报，这和时下利用网络热点蹭流量的做法似乎并无不同。所以我们谨慎地认为，定义和概念不清楚，会成为威胁情报发展的一个难题和挑战。

13.3.2 客观形成的偏见挑战

1. 数据源导致的认知偏见

威胁情报通常需要依赖于大量的网络威胁源数据，对进行数据进行加工分析，提取情报。然后由于网络安全问题的复杂性，要想全面完整地搜集到多维度的网络威胁数据是极其困难的。目前全球各个安全厂商，更多的是结合自己所掌握的数据展开情报分析和生产。这势必将导致事实上的主观偏见，你得出结论，将因为你数据范围的狭隘，形成事实上的偏见甚至是错误的情报。

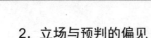

2．立场与预判的偏见

情报工作的典型目标是确立事实，然后做出准确、可靠和有效的推理（包含假设、评估、结论或预测）。但是由于分析人员，习惯性地将自己的文化信仰与期望强加于人，将会形成一种偏见。比如从商业竞争对手上自动将威胁归因到潜在的组织。另外一种是分析人员以为事情将沿着直线发展，维持现状的偏见造成分析人员无法捕捉模式的变化。比较典型的案例是一些APT攻击组织，会在恶意代码中引入其他攻击组织的程序和代表，如果情报分析人员，不能以事实为依据，将会形成错误的结论。

3．商业环境导致的偏见

情报分析人员，将加工和生产之后的情报。提交给需要的客户消费，也不是用于协同分享。这将导致分析人员的分析方法和流程受制于市场环境。比如A情报供应商在情报数量引导客户成功，B情报供应商将不得不在这些方面展开工作。最终将导致事实上的恶性竞争，最终生产的情报将包含很多不可行动的情报甚至是错误行动的情报。

13.3.3　技术深度的挑战

1．归因难的挑战

威胁情报的一个核心技术优势，就是将视角从复杂多变的攻击手法，转移至攻击者上。并且更进一步刻画攻击者形象，最终对攻击者进行溯源归因。进而更有效地进行网络安全防御和响应。

威胁情报的归因难度非常之大。一方面攻击者会根据当前互联网上已经公开的其他攻击者的技术和手段，对其进行模仿使用，将这个"假旗"传导给情报分析人员，这将导致情报分析人员得出的错误的归因结论。

另一方面由于情报分析人员的主观预判和假设，也会导致严重的误判。

2．情报时效性挑战

威胁情报本质上来讲是一种知识，是一种信息。最终的目的是能够提供行动来改善网络安全现状。然后由于网络安全的本质是攻防对抗，攻击者为了达成目的，会不断变更所使用的攻击资源、调整攻击手法。这将给威胁情报的加工生产带来极大挑战。一方面为了保障时效性时，威胁情报的生产，可能就是一个粗加工，提供的是粗糙甚至不准确的信息，这将不能有效发挥威胁情报的价值。另外一方面由于网络攻击发生于虚拟世界，既不会主动宣告身份，还会使用其他公共和虚拟资源进行伪装藏匿，这将导致情报生产的实时性很难保障。

13.4　威胁情报面临的协同挑战

13.4.1　威胁情报面临的共享挑战

1．威胁情报数据保护的难题

威胁情报本质上来说是一种知识，一种信息。它本身在消费时就会面临数据的保护难题。作为一种信息本身只有在传递和被人获取利用时才能发挥价值，此时信息一旦被别人获取，可能就面临被复制盗用的情况。这使得威胁情报不会轻易被共享。

另外一方面，如上文所述生产高价值的威胁情报本身是一个很具挑战的事情。所以对于高价值情报，其生产者必定加以严格保护，期望使其创造更高的价值。必定严格限制其分发的范围，甚至不进行共享。

上述两种情报将导致，共享出来的威胁情报很少，或者价值很低。人们很难将高价值的情报进行有效的分享和使用。这又将使得威胁情报的协同作战成为一个"难于上青天的事情"。因为对高价值的威胁情报的生产，特别是APT级别的情报生产，需要多个团队，在不同时间段内情报分享和研究，才有可能取得比较好的成绩。

2．情报质量参差不齐

如上文所述，生产高价值的威胁情报是一个很难的事情。即便有一些组织机构愿意共享高价值情报。但是一旦所有的情报混合在一起，从海量的情报中提取高价值情报的这个事情，本身的难度可能不亚于威胁情报生产本身。

参照《用户视角下的威胁情报质量评估方法》一文中，作者对出站情报的几个主流的开源情报源的更新频率和数据量做了一些统计分析。按照图13-3所示的走势来看，高质量的情报源其更新频率和数量的走势，应该是趋于平衡，波动不大。反过来波动越大，反而说明了情报源生产和维护情报的方式在不断变化。其质量可能也是一个难以保重的地方。

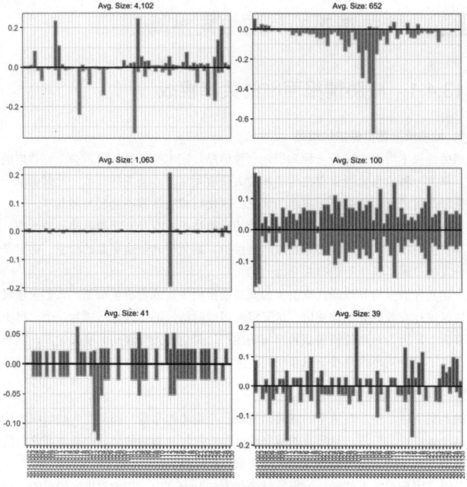

图 13-3 情报源频率波动

3. 威胁情报的标准与理解不一致

最后开源组织机构为了促成威胁情报的共享协同，各行各业提供了很多各式各样的威胁情报标准。包括STIX、OpenIOC、TAXII、CybOX、GB/T 36643—2018等标准。单从这些标准就可以看出来，他们对于威胁情报的理解和定义有着非常大的差异。比如，STIX试图将威胁情报抽象为不同的对象之间的组合；OpenIOC则试图说明简化的失陷指标；TAXII则试图提供一种有利于威胁情报传输的方式；CybOX则将威胁情报的范围更进一步扩大为网络可观测的对象；GB/T 36643—2018则更多侧重于讲网络安全信息和事件的分享，范围更加宽广。

下面我们以全球最大的开源情报机构AlienVault关于同一个事件"APT Group Targets Indian Defense Officials Through EnhancedTTP"的情报的不同标准的数据示例说明。对于同一个失陷指标文件hash（039c162d7fcd8640b337173e323f94d8）的描述如图13-4~图13-7所示。不同的标准，描述的方式和逻辑、结构则完全不一致。这些对于威胁情报的共享交换，则产生着严重的问题。

```
<?xml version='1.0' encoding='UTF-8'?>
<ioc xmlns:xsi="http://www.w3.org/2001/XMLSchema-instance" xmlns:xsd="http://www.w3.org/2001/XMLSchema" xmlns="http:/
60ae09da-4eb1-446f-9605-cbc67dab2141" last-modified="2021-11-26T03:48:51">
  <short_description>APT Group Targets Indian Defense Officials Through Enhanced TTPs</short_description>
  <description>APT Group Targets Indian Defense Officials Through Enhanced TTPs</description>
  <keywords/>
  <authored_by>AlienVault - Alienvault OTX</authored_by>
  <authored_date>2021-11-26T03:48:51</authored_date>
  <links>
    <link rel="https://otx.alienvault.com/pulse/6143065d55d41b7bb04cfe4b">https://otx.alienvault.com/pulse/6143065d55
  </links>
  <definition>
    <Indicator id="0bef2a91-e20e-446d-9fd3-c6af0e3df09b" operator="OR">
      <IndicatorItem id="8cd772aa-f57a-4289-838e-37f9d4f5a1fb" condition="contains">
        <Context document="FileItem" search="FileItem/Md5sum" type="mir"/>
        <Content type="md5">039c162d7fcd8640b337173e323f94d8</Content>
```

图 13-4　OpenIOC V1.0 数据结构

```
<?xml version='1.0' encoding='UTF-8'?>
<OpenIOC xmlns:xsi="http://www.w3.org/2001/XMLSchema-instance" xmlns:xsd="http://www.w3.org/2001/XMLSchema" xmlns="http://openioc
77328c50-5a95-4661-9f63-2d8eee60928a" last-modified="2021-11-26T03:48:58" published-date="0001-01-01T00:00:00">
  <metadata>
    <short_description>APT Group Targets Indian Defense Officials Through Enhanced TTPs</short_description>
    <description>APT Group Targets Indian Defense Officials Through Enhanced TTPs</description>
    <keywords/>
    <authored_by>AlienVault - Alienvault OTX</authored_by>
    <authored_date>2021-11-26T03:48:58</authored_date>
    <links>
      <link rel="https://otx.alienvault.com/pulse/6143065d55d41b7bb04cfe4b" href="https://otx.alienvault.com/pulse/6143065d55d41b
      https://otx.alienvault.com/pulse/6143065d55d41b7bb04cfe4b</link>
    </links>
  </metadata>
  <criteria>
    <Indicator id="ff6607db-944e-4ebf-9846-98137bc18b3b" operator="OR">
      <IndicatorItem id="1a618fa9-88f5-4137-9aa2-cdb5e50413e4" condition="contains" preserve-case="false" negate="false">
        <Context document="FileItem" search="FileItem/Md5sum" type="mir"/>
        <Content type="md5">039c162d7fcd8640b337173e323f94d8</Content>
```

图 13-5　OpenIOC V1.1 数据结构

```
<stix:STIX_Header>
  <stix:Title>APT Group Targets Indian Defense Officials Through Enhanced TTPs</stix:Title>
  <stix:Package_Intent xsi:type="stixVocabs:PackageIntentVocab-1.0">Indicators</stix:Package_Intent>
  <stix:Description>Cyble Research Labs came across a malware sample posted on Twitter by a researcher who believes that the malw
  Transparent Tribe, an Advanced Persistent Threat (APT) Group. Given the nature of the victim and the way they are targeted, the
  similarities to the Side Copy APT group.</stix:Description>
  <stix:Short_Description>https://otx.alienvault.com/pulse/6143065d55d41b7bb04cfe4b</stix:Short_Description>
  <stix:Handling>
    <marking:Marking>
      <marking:Controlled_Structure>//node() | //@*</marking:Controlled_Structure>
      <marking:Marking_Structure xsi:type='simpleMarking:SimpleMarkingStructureType'>
        <simpleMarking:Statement>alienvault-otx-tags: </simpleMarking:Statement>
      </marking:Marking_Structure>
    </marking:Marking>
  </stix:Handling>
  <stix:Information_Source>
    <stixCommon:Description>Alienvault OTX - https://otx.alienvault.com/</stixCommon:Description>
    <stixCommon:Identity>
      <stixCommon:Name>Alienvault OTX</stixCommon:Name>
    </stixCommon:Identity>
    <stixCommon:Time>
      <cyboxCommon:Produced_Time>2021-10-16T00:03:05.494000</cyboxCommon:Produced_Time>
    </stixCommon:Time>
    <stixCommon:References>
      <stixCommon:Reference></stixCommon:Reference>
    </stixCommon:References>
  </stix:Information_Source>
</stix:STIX_Header>
<stix:Indicators>
  <stix:Indicator id="alienvault-otx:indicator-f80ded6a-504a-0426-8f62-4770c56fd001" timestamp="2021-09-16T08:54:54" xsi:type='in
    <indicator:Title>039c162d7fcd8640b337173e323f94d8 from https://otx.alienvault.com/pulse/6143065d55d41b7bb04cfe4b</indicator:Title>
    <indicator:Description>MD5 of 84841490ea2b637494257e9fe23922e5f827190ae3e4c32134cadb81319ebc34</indicator:Description>
```

图 13-6　Stix 1.0 数据结构

```
"id": "bundle--9486a283-cbb0-42f2-9aa9-2ef9b8aa4b34",
"objects": [
  {
    "created": "2021-09-16T08:54:52.779Z",
    "created_by_ref": "identity--ab072f15-9b87-4ee1-898f-b584d41f29b0",
    "description": "Cyble Research Labs came across a malware sample posted on Twitter by a researcher who
    "id": "report--9486a283-cbb0-42f2-9aa9-2ef9b8aa4b34",
    "labels": [
      "threat-report"
    ],
    "modified": "2021-10-16T00:03:05.494Z",
    "name": "APT Group Targets Indian Defense Officials Through Enhanced TTPs",
    "object_refs": [
      "identity--ab072f15-9b87-4ee1-898f-b584d41f29b0",
      "indicator--98e3a217-f962-4215-b448-225294605ecd",
      "indicator--10eb9876-7ab1-496c-a3c1-bf8557796ab0",
      "indicator--c3860b52-80d6-4cd1-aa05-6bb6d5f3272a",
      "indicator--6aec79c7-67f2-4d4c-8db7-7be10702bb93",
      "indicator--35a3ac90-3f88-4d02-93a0-f8cde820529c",
      "indicator--945537a8-017f-4171-9951-80400d36a693",
      "indicator--5fcd25ab-d220-48c4-ab21-518f75f193ea",
      "indicator--c5e2ee3c-6a58-4ec9-b042-2a6406e8481d",
      "indicator--e3b25c73-4fc2-4db8-a68e-1a28fec07a00",
      "indicator--7a2f90e7-81c1-4f11-9c09-e8a35bb1368b"
    ],
    "published": "2021-09-16T08:54:52.779Z",
    "type": "report"
  },
```

图 13-7   Stix 2.0 数据结构

不同的标准代表着不同的理解和认知。这对于分享将是个大问题,一方面将数据归一化的条件,势必需要设计一个更复杂的更庞大的体系来兼容这些不同标准体系,否则这将损失掉一部分原始信息。这就好比要把动物园中的所有动物重新用新的标准分门别类,其难度可想而知。

最后无论是理解不一致,还是标准不一致。这将导致这个事物的复杂性变大,对于复杂事物的接收和认知的难度,会变大,会阻碍信息的流通和分享。人们更倾向于接受简单的事物。

13.4.2 威胁情报面临的应用挑战

1. 网络安全设备集成与应用难的问题

基于威胁情报指标的网络安全威胁检测是威胁情报的一个技术优势。然后网络安全设备的发展超前于网络威胁情报,旧的网络安全设备在设计时,就没有考虑到网络威胁情报使用的问题。所以网络安全设备集成威胁情报,也面临着一定的问题和挑战。具体来说主要面临着情报库应用逻辑问题、情报库更新问题、设备性能问题。

由于威胁情报本身是一种知识和信息,并且不存在统一的标准结构。那么在产品使用的时候就要考虑如何使用。具体说来包括使用什么范围的威胁情报,比如说使用出站情报还是入站情报,情报匹配时选择的网络数据包中的字段也不一样。且不同的网络安全产品使用的数据字段也不尽一样。以常用流量探针为例,对于恶意回连域名,主要通过内部网络的DNS请求中的请求域名,来进行威胁检测。这就涉及匹配规则的问题,是一旦命中就进行告警,还是根据命中的次数和分布,来确定这是一个威胁,这也是一个困难的问题。更进一步对于产生的威胁告警，阻断类产品该如何处理。这些新的应用逻辑的增加或变更，将会促使网络安全产品新增功能和特性，甚至会带来网络安全产品的技术构架。这些可能会增加很大的开发工作量。这将使得集成网络威胁情报变成一个难题。

情报库更新也是网络安全设备的问题。很多购买了网络安全设备的客户，对于网络安全的重视程度高，内部网络管理严格。这些网络设备可能很难进行上网，或者很难实现实时的在线。这将导致设备内的情报库更新缓慢，由于威胁情报是一个高时效性的信息，低时效性将导致不能有效发挥价值，甚至发挥负面价值，给网络安全设备带来负担。

另外一个问题是设备性能问题。一方面威胁情报库的量动辄以十万、百万计，为了保障计算的速度，会将这些数据LOAD至内存，这将会消耗宝贵的设备内存，带来性能的瓶颈的挑战。另外一方面为了保护威胁情报的数据安全性，提供至设备的威胁情报指标和上下文信息，都会采用不可逆的hash算法进行提供。每一次网络会话中待检测的字段都需要进行一次hash计算，这在大流量的网络节点中，将会产生大量性能消耗。最后由于威胁情报不能完全替换现有安全设备的基于规则的检测逻辑，所以只能新增的检测逻辑，将会导致网络会话的检测成本增加。

2. 威胁情报落地取证难的问题

网络安全设备经过一段时间的升级改造，已经具备了集成威胁情报的能力。但这仍然还面临着新的挑战，那就是安全运营人员，如何来处置基于威胁情报指标产生的网络安全威胁告警呢。目前业界大部分网络安全设备都是将与指标命中的网络流量标记为威胁告警，安全运营人员在进行威胁处置时，则面临着落地难的问题。

一方面，大部分威胁情报不包含高价值的上下文信息，仅仅只有一个指标信息。这使得这一条威胁情报的告警很难懂，安全运营人员难以展开有效的研判处置，这里面包括不同的威胁情报信息，其处置的方式是不一样的。另外一方面由于网络环境的复杂性，威胁情报的误报也时有发生，包括但不限于指标误报、用户误访问、用户测试、正常业务访问等情况。只要发生了对恶意域名解析或访问请求，就会产生一次告警。

这些情况将导致威胁情报的应用落地面临着严峻的挑战。

第 14 章　威胁情报现状与未来

在过去十年中，网络安全行业稳步采用、接受并完善了威胁情报（CTI）的概念，以更好地支持运营和执行决策。经过优化，威胁情报为企业（从网络防御者到C级管理层）提供及时、准确、客观和相关性的分析，从而更好地理解和评估恶意网络活动的风险。

在本章我们将探讨威胁情报的应用现状与未来发展。

14.1　威胁情报的现状

14.1.1　威胁情报日趋成熟

2020年SANS CTI调查结果显示，50%的受访者所在的组织拥有专门负责CTI的团队，而2019年这一比例为41%。61%的受访者表示CTI任务由内部团队和服务提供商团队共同处理。成熟的另一个标志是对情报需求的定义和记录。报告有搜集需求的正式流程的组织数量比去年增加了13%，到2020年将达到近44%。这使得情报流程更加高效、有效和可衡量，这是长期成功的关键。

14.1.1.1　协作是关键

协作很关键，包括内外部之间，内部不同团队之间。尽管拥有专门的威胁情报团队的组织越来越多，但我们发现：无论是通过付费服务提供商的关系或是通过信息共享组织来使用威胁情报，均强调与彼此间的合作。此外，组织内的协作也在增加，许多受访者报告说，他们的CTI团队是整个组织协调工作的一部分。

14.1.1.2　情报应用的升级带来了相关数据和工具的变化

随着越来越多的组织开始生产他们自己的情报，CTI分析师需要的信息本质也从最初的威胁订阅或供应商提供的情报转变为来自内部工具和团队的数据。虽然可以使用许多类似的工具和流程来处理这类信息，但组织也必须明确如何使用合适的工具来处理内部生产的数据。

SANS报告中将CTI工具分为以下两组。

● 处理数据并将其转换为情报的工具。

数据必须经过处理才能被分析并转化为情报。处理流程包括一些重复的工作，例如，数据去重、数据丰富化和数据标准化，以及其他需要分析师操作的任务，例如，逆向恶意软件。大多数组织表示其情报处理流程要么是手工操作的过程，要么是半自动化的过程。数据去重是最常见的自动化过程，只有27%的组织是靠人工数据去重。样本的逆向工程是自动化程度最低的处理流程，有48%受访者申报人工处理样本逆向工程；这个比例比2019年略有上升。

● 管理情报包括基于情报生成告警的工具。

管理工具是用来聚合、分析和呈现威胁情报信息。SANS报告显示：使用最多的工具是安全信息和事件管理（SIEM）平台、网络流量监控工具和入侵监控平台。其中，SIEM平台来作为CTI管理工具的自动化使用率较高；其他大多数管理工具，包括网络流量分析工具、入侵监控平台和取证平台都具有一定的自动化程度，但电子表格和电子邮件大多都是人工处理的。尽管电子表格和电子邮件缺少自动化或半自动化的流程，但是它们仍然是CTI分析师的顶级管理工具之一。

14.1.2 威胁情报内生趋势逐年上涨

越来越多的组织表示他们在同时生产和消费情报数据。2020年SANS CTI调查报告中显示：近一半的受访组织既能利用原始数据生产情报，也能消费威胁情报。从2019年开始，基于原始数据生产和消费威胁情报的组织增加了10%；基于带上下文威胁告警数据和发布的威胁报告来生产和消费威胁情报的组织增加了近7%。

14.1.3 威胁情报处理流程趋于半自动化

2020年SANS CTI调查结果显示，完全自动化实现情报处理的工具比较少，大多数处理工具都是半自动化流程来处理和分析威胁情报。SANS表示威胁情报的数据丰富化在自动化流程处理方面有提升。依靠人工来使用内部数据源来丰富化情报信息降低了5%，而运用半自动化和全自动化流程来丰富化信息却略有增加。由于数据处理在分析过程中是至关重要的一步，因此，分析人员似乎不愿意将这一步完全信任自动化处理流程。相对于完全信任自动化处理流程，他们更倾向于验证自动化处理流程，因此简化验证的过程可能导致更多的半自动化处理流程，而非全自动化处理流程。

14.1.4 越来越多的小型组织开始建立自己的CTI计划

2021年SANS CTI调查结果显示，拥有CTI计划的小型组织的数量在增加。虽然这些组织一开始可能只有一个分析员，甚至是由安全团队的其他成员兼职，但这种增长表明，CTI已经成熟为一个领域，越来越多的组织认为其好处是值得投资的。CTI 为各个级别的安全提供改进的支持，从战术到战略决策，使各种规模和所有行业的组织受益。

14.1.5 威胁情报在甲方企业的主要应用场景

威胁情报在组织中有许多应用场景，从资源分配和优先级等战略应用场景到威胁告

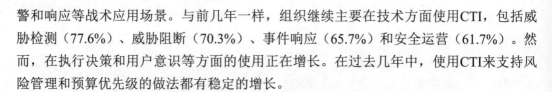
警和响应等战术应用场景。与前几年一样，组织继续主要在技术方面使用CTI，包括威胁检测（77.6%）、威胁阻断（70.3%）、事件响应（65.7%）和安全运营（61.7%）。然而，在执行决策和用户意识等方面的使用正在增长。在过去几年中，使用CTI来支持风险管理和预算优先级的做法都有稳定的增长。

14.1.6　最有价值的威胁情报数据类型

2021年SANS CTI调查结果显示，对CTI操作最有用的信息类型排名靠前的是：攻击者所针对的漏洞信息（76%）、攻击者利用的恶意软件（73%）、攻击者的技战术（72%）和关于攻击者趋势的广泛信息（72%）。

14.1.7　威胁情报应用的阻碍因素

阻碍威胁情报的应用原因有很多，包括那些CTI团队可控范围之外的事务，比如，管理上的支持和企业资源。有时候，起步就很难。当被问到最大的阻碍时，基本上主要集中在"人"和"流程"上，占到57%的首要因素是缺乏专业的员工和能充分利用威胁情报的经验。紧接着的因素是，针对团队采取合适的情报处理流程的时间不足占到52%。有趣的是，仅占到23%的最末因素，是利用这些信息知识去做决策的信心不足。

2020年SANS CTI调查结果显示，受访者们针对CTI各个维度的满意度评价：满意度最高的一项是"看见威胁的能力"（75%），然后是"威胁调查和报告"（73%），以及"相关的威胁数据和信息"（72%）。"通过受访者的工具技能进行CTI信息的自动处理和聚合能力"也还不错（61%）。但是对CTI各个维度的满意度中，被选最少的是"机器学习"，满意度只有36%，以及对于其效果和价值方面有58%的受访者相当不满意。这表明：虽然工具可以有利于情报分析，但实际过程严重依赖于情报分析师的专业能力。

14.2　威胁情报的未来

14.2.1　专业情报分析师的需求

威胁情报不只是IOC，因此，也不能通过购买或搜集威胁情报数据来实现情报的价值。威胁情报从生产到消费整个流程都需要专业的情报分析师。尤其是在甲方企业，情报需求的制定需要了解企业的战略、威胁模型，以及对业务熟悉的情报分析师。

此外，按照信息理论，信息接受方需要正确解读发送方的全部含义。然而，现实中很多网络安全人员没能够接收或者完整接收到威胁情报的相关信息，并根据威胁情报的建议采取相关的行动。威胁情报的完整接收和理解需要甲方企业拥有专业的情报分析师。

14.2.2　威胁情报标准框架和自动化

威胁情报已经存在了几十年，但在历史范围内，这是一个非常短的时间。有了ATT&CK或钻石模型这样的框架，我们开始看到更多的正规化。我们希望这一点能够建立起来，并且这个行业有更多的专业化，对我们做什么和不做什么的做法有标准。除了像ATT&CK这样的少数框架，我们没有标准的沟通方式。当有了标准，人们就会更容易相信一个行业的内容。

我们的另一个希望是，我们改进工具和自动化，以帮助支持情报分析师。我们经常被问到："威胁情报如何能够自动化？"威胁情报从根本上说是一门人类学科。它需要人类来理解复杂和不同的信息。威胁情报中总是会有人类的因素，但我希望我们作为一个行业能够做得更好，找出哪些工具能够使分析师变得强大并支持安全团队必须做出的决定。

14.3.3　战略威胁情报的需求

战略威胁情报是对组织威胁格局的鸟瞰图，对业务决策具有巨大价值。虽然典型的安全和分析技能仍然必不可少，但生成战略威胁情报还需要其他领域的大量专业知识和对业务概念的深刻理解。

以2020年12月发生的SolarWinds攻击为例，这不是此类事件第一次发生，过去有多种类型的集中式管理软件遭到入侵。

托管服务提供商进入关键业务的增加加剧了情况的严重性，并将在未来继续受到损害。管理员应该考虑他们的关键数据依赖性、业务功能，以及与这些第三方公司的业务关系，因为他们过去的中心故障和数据泄露历史可能会在未来继续存在，并且如果发生事故，可能会直接影响组织。为确保组织安全和保护免受类似SolarWinds类型事件的影响，组织需要应用漏洞意识并部署信誉良好的威胁情报平台。组织应该能够利用可操作的战略威胁情报来应对潜在的漏洞，这些漏洞将有效地帮助防止或至少最大限度地减少未来 SolarWinds类型事件的影响。

凭借强大的战略情报，组织可以轻松地向高管团队解释和总结事件，分享违规的影响，以及未来需要采取哪些措施来减轻危害。例如，可以轻松创建和共享一系列报告，详细说明威胁行为体及其已知的针对某个行业的相关攻击技术。

此类情报提供有关网络安全态势、威胁和攻击趋势的高层次信息。这些信息主要涉及威胁形势的全局，并帮助安全负责人和CISO团队等高管和管理层了解各种网络活动的财务影响，以及高层业务决策的整体影响。

反侵权盗版声明

电子工业出版社依法对本作品享有专有出版权。任何未经权利人书面许可，复制、销售或通过信息网络传播本作品的行为；歪曲、篡改、剽窃本作品的行为，均违反《中华人民共和国著作权法》，其行为人应承担相应的民事责任和行政责任，构成犯罪的，将被依法追究刑事责任。

为了维护市场秩序，保护权利人的合法权益，我社将依法查处和打击侵权盗版的单位和个人。欢迎社会各界人士积极举报侵权盗版行为，本社将奖励举报有功人员，并保证举报人的信息不被泄露。

举报电话：（010）88254396；（010）88258888

传　　真：（010）88254397

E-mail：　dbqq@phei.com.cn

通信地址：北京市万寿路南口金家村288号华信大厦

　　　　　电子工业出版社总编办公室

邮　　编：100036